ESSAI

SUR

L'ARPENTAGE

PARCELLAIRE.

ESSAI

SUR

L'ARPENTAGE

PARCELLAIRE,

OU

RECUEIL ET DÉVELOPPEMENS

DES INSTRUCTIONS ET RÈGLEMENS SUR LA PARTIE D'ART DU CADASTRE,

A L'USAGE

DES EMPLOYÉS CHARGÉS DU LEVÉ DES PLANS PARCELLAIRES DES COMMUNES ET DE LEURS CALCULS.

PAR A. LEFEVRE,

GÉOMÈTRE EN CHEF DANS LE DÉPᵗ DE LA HAUTE-VIENNE.

> Le cadastre est la base unique sur laquelle l'impôt foncier doit être établi ; il doit encore prévenir une foule de procès ruineux, en fixant les limites des propriétés particulières.

LIMOGES,

F. CHAPOULAUD, IMPRIMEUR-LIBRAIRE,

PLACE DES BANCS, Nº 9.

1824.

AVANT-PROPOS.

En 1806, le ministre des finances fit rédiger une instruction sur la pratique de l'arpentage et du levé des plans des communes pour l'exécution du cadastre de la France; alors l'arpentage se faisait par masses de culture, et ces développemens avaient particulièrement pour but de rattacher les opérations trigonométriques aux triangles de Cassini, de manière qu'en les réunissant, elles formassent un réseau de triangles, qui, couvrant, en définitive, le territoire du département, aboutissent aux triangles de premier ordre qui devaient servir de vérification. Ces dispositions pour le rattachement aux triangles de Cassini ont été abandonnées en même temps que le cadastre par masses, c'est-à-dire, à la fin de 1807.

La marche indiquée par cette instruction est tracée beaucoup trop succinctement pour le jeune arpenteur qui commence à travailler.

Il a paru, à différentes époques, des développemens des instructions générales du cadastre.

En 1809, MM. Pommier et Reynaud, professeurs du cours de géométrie pratique, publièrent un ouvrage sous le titre de *Manuel de l'ingénieur du cadastre*, dans lequel se trouvent quelques développemens des instructions des 1er décembre 1807 et 20 avril 1808.

En janvier 1808, j'en présentai moi-même quelques-uns sur la pratique du règlement du 1er décembre 1807 pour l'exécution du parcellaire; ils sont insérés dans mon *Traité de l'arpentage*, 3e édition, pages 148 à 238; mais, lorsqu'il est question de triangulation et du levé des plans, j'en trace seulement les bases générales, en renvoyant, pour les détails, aux méthodes usitées, qui se trouvent indiquées dans le cours de ce traité.

Tous ces ouvrages m'ont paru insuffisans pour servir de guides à l'élève qui veut consacrer utilement son temps à l'arpentage parcellaire ; le désir de rendre ce travail moins pénible, et les encouragemens flatteurs avec lesquels la première autorité de ce département a bien voulu accueillir ce projet, m'ont engagé à livrer à l'impression l'Essai que je présente aujourd'hui au public.

On trouve dans ce Recueil, à mesure que l'on avance, et suivant l'ordre des opérations, tous les articles du Recueil méthodique concernant la partie d'art du cadastre parcellaire, avec les modifications qui ont été faites à ce Recueil depuis la loi des finances du 31 juillet 1821.

J'ai pris l'opération du parcellaire à sa naissance, et je l'ai conduite successivement jusqu'au point où s'arrêtent les travaux du géomètre : j'ose espérer que mon livre ne sera pas sans utilité.

EXPLICATION DES SIGNES.

:   se prononce *est à*.

: :   *comme*.

$+$ *plus*.

$-$ *moins*.

$\times$ *multiplié par*.

$\dfrac{a}{b}$ *a divisé par b*.

$=$ *égale*.

a^2 *carré de a*, ou seconde puissance de *a*; le chiffre 2 se nomme aussi *exposant*.

$\sqrt{a}$ *racine carrée de a*.

$(a + b) \times c$ ou $(a + b) c$ indique la multiplication de $a + b$ par c.

Log. ou *l.* se prononce *logarithme*.

Les numéros compris entre deux parenthèses indiquent ceux qu'il faut consulter ou se rappeler pour se rendre raison de l'opération qu'on a à faire.

Comp. A. L., ou seulement *c. l.*; *complément arithmétique logarithme*.

R. M., *Recueil méthodique*.

On trouvera dans notre *Traité d'arpentage* et dans notre *Manuel trigonométrique* la démonstration de plusieurs règles rapportées dans ce petit traité.

Ces ouvrages se vendent à Paris, chez Bachelier, libraire pour les mathématiques, quai des Augustins, n° 55. La 4ᵉ édition du *Traité d'arpentage*, en 2 volumes, est sous presse.

CADASTRE PARCELLAIRE.

———

1. Les nombreuses réclamations qui furent faites sur l'inégalité de la répartition de la contribution foncière, firent décréter la confection d'un cadastre général, que les circonstances n'ont pas permis d'exécuter ; cependant les départemens, les communes et les propriétaires présentèrent de nouveau des pétitions et des projets sur le même objet, et l'on proposa, en 1802, comme moyen de perfectionner la répartition de l'impôt foncier, de faire l'arpentage de dix-huit cents communes disséminées dans chaque département. Le gouvernement accueillit cette proposition, et l'on devait ensuite fixer par analogie le revenu de toutes les autres communes de France. L'arpentage des communes désignées s'exécutait par masses de cultures, ainsi que l'expertise. Il était facile de prévoir que l'on ne parviendrait point au perfectionnement de la répartition en opérant sur les communes non arpentées par analogie avec celles qui l'étaient ; aussi, le 20 octobre 1803, le gouvernement prit un nouvel arrêté, et ordonna que toutes les communes de la

France seraient arpentées et évaluées par masses
de culture.

Ces opérations par masses suffisaient peut-être
pour répartir les communes entre elles ; mais l'inégalité de répartition entre les contribuables existait
toujours : on a cherché à la faire disparaître en
faisant faire des évaluations parcellaires.

• Ce nouveau moyen aurait présenté de l'avantage
sur le premier, si tous les propriétaires eussent
fait la déclaration de leurs propriétés et de leurs
contenances. Mais ces déclarations, presque par-
tout négligées, étaient souvent infidèles ; de sorte
qu'à défaut de renseignemens de la part des propriétaires ou fermiers, l'expert chargé de l'évaluation était obligé d'y suppléer : il n'avait, pour se
guider dans l'estime qu'il faisait des contenances,
qu'un indicateur et l'habitude qu'il pouvait acquérir. Aussi, rarement les contenances déclarées ou
évaluées s'accordaient-elles avec la contenance totale du numéro du plan ; et de là naissaient nécessairement des irrégularités dans la confection des
matrices cadastrales.

Pour remédier à ces inconvéniens, l'arpentage
parcellaire était nécessaire ; c'est, en effet, le seul
moyen de donner à la répartition tout le degré de
perfection qu'il est possible d'obtenir.

Le ministre des finances en adopta les bases dans
une instruction du 1er décembre 1807, laquelle fut
suivie d'une autre sur la partie d'art, qui parut le
20 avril 1808.

Ce grand travail fut commencé sur ces bases, et continué jusqu'au mois de janvier 1821, époque à laquelle elles furent suspendues; mais, le 31 juillet suivant, il fut ordonné par la loi des finances qu'à partir du 1er janvier 1822 :

« Les opérations cadastrales destinées à rectifier
» la répartition individuelle seraient circonscrites
» dans chaque département, et que les conseils
» généraux pourraient voter annuellement, pour
» cet objet, des impositions, dont le montant ne
» pourrait excéder *trois centimes* du principal de
» la contribution foncière. Enfin, qu'indépendam-
» ment des centimes votés par les conseils géné-
» raux, il serait fait annuellement un fond com-
» mun, destiné à être distribué aux départemens,
» en proportion des fonds que les conseils géné-
» raux auraient votés, et à venir au secours de
» ceux qui ne trouveraient pas dans leurs ressour-
» ces particulières les moyens de subvenir à toutes
» les dépenses que ces travaux exigent. »

A cette loi a succédé l'ordonnance du roi, du 3 octobre 1821, qui règle le mode qui sera suivi dans l'exécution du parcellaire. Voici ce qui con-cerne la partie d'art, qui est celle que nous vou-lons traiter :

« Art. 2. L'arpentage sera précédé de la délimi-
» tation des communes.

» Les contestations sur les limites des commu-
» nes d'un même département seront décidées par
» le préfet. Elles le seront par le gouvernement,

» lorsqu'elles intéresseront les communes de deux
» départemens. L'intervention du gouvernement
» est pareillement nécessaire pour les changemens
» de limites consentis par les communes respec-
» tives, ainsi que pour les échanges et réunions
» de territoires.

» Art. 7. Chaque propriétaire recevra un bulle-
» tin indiquant la situation, la nature et la conte-
» nance de chaque parcelle de fond qui lui aura
» été donnée sur le plan. Il consignera dans ce
» bulletin toutes les remarques qu'il croira devoir
» faire sur l'indication et la consistance de ses
» propriétés.

» Art. 10. Les erreurs de contenance seront rec-
» tifiées dans la commune même, en présence du
» réclamant, et par les géomètres qui auront levé
» les plans.

» Art. 13. Les frais des plans parcellaires seront
» réglés par les préfets, eu égard aux difficultés
» plus ou moins grandes que présente l'arpentage
» dans leurs départemens. »

A la suite de cette ordonnance royale, qui fixe
les principales bases des opérations cadastrales, se
trouve le règlement général de S. Exc. le ministre
des finances, en date du 10 octobre 1821, pour
leur exécution. D'après ce règlement, les plans se
font dans les formes suivies jusqu'à ce jour, c'est-
à-dire, d'après les anciennes instructions qui se
trouvent rassemblées dans le *Recueil méthodique*
des lois, décrets, règlemens et décisions sur le ca-

dastre de la France, approuvé par le ministre des finances, en 1811.

La nouvelle instruction n'apporte de changemens à la partie d'art que dans la communication des bulletins, et dans les atlas, en ce qu'elle supprime la copie qui restait déposée à la direction des contributions (1).

Ainsi, dans l'ancienne comme dans la nouvelle instruction, la partie d'art ou de l'arpentage se compose : — Règ¹ du 10 oct. 1821.

De la délimitation et de la division de la commune en sections;

De la triangulation de la commune;

Du levé du plan parcellaire;

De la vérification du plan sur le terrain, et du procès-verbal de cette vérification;

Du premier et du deuxième cahier de calculs des contenances;

Des indications sur le terrain, et de la mise au net des tableaux indicatifs;

Des calques du plan pour servir à l'expertise;

De la confection des bulletins, et de leur communication aux propriétaires, etc.;

Enfin, d'un atlas relié pour la commune, et de deux tableaux d'assemblage.

La partie d'art, ou l'arpentage parcellaire, est — Règ¹, art. 1.

---

(1) Plusieurs conseils généraux des départemens ont demandé la conservation de cette copie.

confiée, dans chaque département, à un géomètre en chef, nommé par le préfet.

Rég^t, art. 2: L'indemnité du géomètre en chef est réglée par un traité passé entre ce dernier et le préfet : il en est rendu compte au ministre.

Ibid., art. 1. Le géomètre en chef a le choix de ses collaborateurs, qu'il paie sur sa rétribution, et dont il est responsable ; mais ils ne peuvent être employés dans les communes qu'après avoir été agréés par le préfet, et lorsque ce magistrat leur a délivré une commission qui les y autorise.

Circ^{re} du 17 fév. 1824.

Ibid. Le géomètre en chef fait aussi connaître au préfet l'indemnité qu'il accorde à ses collaborateurs.

Ibid. et R. M. 98. Un géomètre ne peut être chargé de l'arpentage de plusieurs communes à la fois, à moins qu'elles ne soient contiguës, et qu'il n'y soit autorisé par l'approbation de l'état de distribution, que le préfet arrête chaque année.

Circ^{re} du 17 fév. Tout géomètre commissionné doit exercer ses fonctions par lui-même ; cependant il peut s'adjoindre jusqu'à deux auxiliaires, avec l'agrément du géomètre en chef, qui doit examiner si la rétribution que le géomètre arpenteur leur accorde est bien en proportion avec le travail dont ils sont chargés.

Rég^t, art. 3. Chaque année, le préfet arrête l'état des communes à arpenter l'année suivante, et le met sous les yeux du conseil général, avec le tableau des dépenses. Cet état est présenté au préfet par le directeur des contributions, qui doit se concerter

avec le géomètre en chef pour la désignation de
ces communes.

L'ouverture des travaux de l'arpentage est en- Règt, art. 6.
suite annoncée par un avis que le préfet fait affi-
cher dans les communes à arpenter et dans les
communes voisines. Il adresse, en même temps,
une lettre spéciale, par laquelle il leur annonce
que le géomètre en chef, ou quelqu'un désigné par
lui et agréé par le préfet, se rendra incessamment
sur les lieux, pour procéder à la reconnaissance
des limites de la commune : il les invite à assister
à cette démarcation, et à seconder le géomètre
dans ses opérations.

DELIMITATION.

2. Si le géomètre en chef ne fait point la déli- Circre. du
mitation personnellement, à cause que la grande 17 fév. art. 8.
activité des travaux de l'arpentage ne lui permet
pas de s'occuper de cet objet sans nuire à la surveillance qu'il doit avoir pour toutes les parties de
son service, il proposera au préfet de confier cette
opération à un seul géomètre; il indiquera, en Ibid., art. 7.
même temps, à ce magistrat, la rétribution qu'il
croit convenable d'accorder au géomètre délimitateur.

Lorsque le préfet a approuvé le choix et l'in- R.M., art.70.
demnité du délimitateur, celui-ci prévient le
maire de l'une des communes désignées qu'il se

rendra *tel* jour auprès de lui pour reconnaître les limites de sa commune, et l'engage à en donner connaissance aux maires des communes limitrophes, qui sont déjà prévenus par le préfet que cette opération doit avoir lieu.

Le géomètre délimitateur, étant sur les lieux, prévient successivement les maires des autres communes à délimiter. Le délimitateur parcourra, avec les maires et indicateurs nommés par ces derniers, toute la circonscription de la commune : il en for-

Modèle n° 1,
R.M.,art.71. me, à mesure qu'il avance, un plan visuel, sur lequel il met les noms des propriétés et propriétaires adjacens, de part et d'autre, à la ligne périmétrale ; indique les noms des chemins, rivières, ruisseaux, et, en général, il prend les notes et les désignations nécessaires pour pouvoir rédiger le procès-verbal de délimitation, avec les divers plans

Modèle n° 2,
R.M.,art.73. visuels, ou croquis figuratifs, qu'il a faits en suivant les limites de la commune.

Le procès-verbal de délimitation est signé de tous les maires intéressés et du géomètre délimitateur, lequel fait une double copie du procès-verbal, que le géomètre en chef certifie.

Ibid.,art.81. Si un des maires refuse sa signature, son refus et ses motifs sont consignés à la suite du procès-verbal, et attestés par les autres signataires.

Lorsque des communes voisines de celle qu'on délimite sont déjà délimitées, on copie cet article de la commune déjà arpentée, et le géomètre en chef en certifie l'exactitude ; alors, les maires sont

dispensés d'apposer de nouveau leur signature à
cette copie.

Contestations sur les limites.

Les fonctions du délimitateur sont principalement
d'employer tous les moyens pour concilier les parties, lorsqu'il se rencontre des contestations sur
les limites. Si, malgré tous ses efforts, il ne peut Règt, art. 8.
réussir à les accorder, il consigne dans son procès-
verbal les limites prétendues de part et d'autre, et
donne son avis sur la limite qui lui paraît devoir
être adoptée, en faisant attention que le titre d'une
commune sur le terrain contesté est l'imposition que
ce terrain y aura supportée jusqu'alors, et en consultant plutôt les convenances que des prétentions
fondées sur des titres que la révolution a détruits.

Le préfet, d'après l'avis du sous-préfet, et sur
le rapport du directeur des contributions, décide
à laquelle des deux communes l'objet contentieux
doit appartenir, soit que le terrain se trouve imposé dans les deux communes, ou qu'il ne soit
imposé dans aucune.

Lorsque les contestations sont sur les limites des
communes qui dépendent de deux départemens,
les conseils municipaux des communes intéressées
sont convoqués, leurs délibérations envoyées, avec
les avis des sous-préfets et des préfets, au ministre
de l'intérieur, et la délimitation est fixée par une
ordonnance royale.

La même formalité aura lieu lorsque des maires

seront d'accord pour faire des échanges et des réunions de territoires, ou pour substituer, aux limites existantes de leurs communes, une limite
naturelle et invariable. Dans ce cas, le délimitateur
en trace le projet par un plan visuel, et en consigne la proposition dans son procès-verbal.

Enclaves. — Les portions de terrain enclavées
dans une commune autre que celle d'où elles dépendent, et les terrains prolongés sur un territoire
étranger, qui ne tiennent à la commune qui les ad-
ministre que par une très-petite distance, sont de
droit réunis à la commune sur le territoire de laquelle ils sont situés ou prolongés, et aucune réclamation contre cette réunion ne doit être consi-
gnée dans le procès-verbal.

Si l'enclave se trouve dans une commune située
dans un autre département, l'intervention du gouvernement devient nécessaire, c'est-à-dire, que les
avis des conseils municipaux, des sous-préfets et
des préfets sont envoyés au ministre de l'intérieur,
qui sollicite une ordonnance royale relative à cette
réunion.

Lorsque des communes seront susceptibles d'être
réunies, le préfet prendra les mesures convenables
pour que cette réunion ait lieu avant la confection
du cadastre, afin d'éviter le bouleversement qui
aurait lieu dans le travail si la réunion ne s'opérait
qu'après son achèvement.

Quand les procès-verbaux de délimitations sont
régularisés, soit par ordonnances royales ou par

arrêtés du préfet, le délimitateur les envoie au
géomètre en chef, qui les compare avec soin avec
les croquis figuratifs, qui lui sont également remis : une copie est adressée au directeur des contributions, et l'autre, qui resté au bureau du géomètre en chef, est communiquée, ainsi que les
croquis figuratifs, au géomètre arpenteur chargé
du parcellaire, pour qu'il s'y conforme exactement lorsqu'il opérera sur les limites de la commune.

3. *Remarque.* 1° On voit, d'après ce qui est dit
ci-dessus, qu'on rédige le procès-verbal de délimitation avant le levé du plan; il en résulte presque toujours que des noms donnés par ce procès-
verbal ne s'accordent point avec ceux du plan et
du tableau indicatif que le géomètre arpenteur fait
quelque temps après, et qui doivent être plus
exacts que les premiers. On préviendrait cet inconvénient en ne faisant d'abord qu'une reconnaissance des limites avec les maires intéressés, qui
serait signée de toutes les parties ; mais on ne ré-
digerait le procès-verbal définitif qu'après que
le géomètre arpenteur aurait recueilli les noms
des propriétaires et des propriétés sur les limites
de la commune, et qu'il se serait assuré des véritables noms des chemins, rivières, etc.; comme il
doit le faire pour confectionner son travail.

Par ce moyen, les écritures du plan et le tableau indicatif seraient en harmonie avec le procès-
verbal de délimitation, ce qui devrait être.

Art. 96. 2° Le Recueil méthodique prescrit au géomètre arpenteur d'annexer au procès-verbal de délimita-Modèle n° 3. tion un tableau indicatif, qu'il rédige lorsque le plan est fini, de la longueur des lignes et de l'ouverture des angles que forment les différentes lignes du périmètre.

Ce tableau, qu'on croyait nécessaire lors de l'arpentage en masse, devient incontestablement inutile pour le parcellaire. Il est impossible qu'il serve à la reconnaissance des limites, à moins que le périmètre ne soit formé par de grandes lignes droites, ce que l'on ne rencontrera probablement pas. La meilleure reconnaissance, c'est le plan parcellaire, accompagné de son tableau indicatif.

DIVISION EN SECTIONS.

R. M. art.105 à 109. 4. On pourrait diviser la commune en sections immédiatement après avoir terminé la délimitation; mais il vaut mieux ne l'opérer que lorsque l'arpentage est achevé, à moins que l'on n'ait entre les mains un plan de masse de la commune, afin d'avoir des sections plus régulières et moins disproportionnées en contenance.

La contenance de chaque section doit être, à peu près, de 3 à 400 hectares, et environ 1000 parcelles, toutes les fois que les localités le permettront.

Le géométre arpenteur rédige un procès-verbal *Modèle n° 4.* de cette division en sections, qu'il fait signer par le maire de la commune, avec lequel il se concerte pour cette division; puis il l'adresse au géomètre en chef, et celui-ci au directeur des contributions, qui peut l'inviter à y faire faire des changemens; ou, s'ils diffèrent d'avis, en rendre compte au préfet.

(Cette formalité me semble inutile, parce que le géomètre et le maire n'ont aucun intérêt à ne point donner aux sections les limites convenables; d'ailleurs, c'est en examinant le plan de toute la commune que cette division se fait; et il me paraît bien difficile qu'on puisse juger de son irrégularité à la simple lecture du procès-verbal.)

Chaque section est désignée par une lettre majuscule, et porte le nom de l'objet le plus remarquable qu'elle renferme.

Position de la base.

5. L'instruction du 1ᵉʳ mars 1823 prescrit de R. M. rédiger un procès-verbal de la position de la base art. 120, 121. trigonométrique, que le géomètre prend pour les opérations de la triangulation, dont il sera parlé ci-après.

Lorsque cette base s'étend sur deux communes, ce procès-verbal se met à la suite de celui de délimitation; et si elle est dans la commune, comme cela arrive presque toujours, on le met après la division en sections.

Ce procès-verbal ne me paraît pas indispensable ; si l'on veut le faire , on peut le rédiger dans *Modèle n° 5.* la forme du modèle indiqué ci-contre.

TRIANGULATION.

R. M.   6. *Précis.* La triangulation, ou la trigonométrie
117 à 119 et d'une commune, a pour but de déterminer la dis-
122 à 127. tance et la position respective de plusieurs points,
choisis ou placés convenablement sur la surface du
terrain dont on veut faire le plan.

Cette opération , faite avec soin, donne au géomètre arpenteur les moyens de se diriger avec
exactitude et précision dans le courant de son travail ; elle est son guide, et la preuve des opérations
du plan parcellaire (1).

---

(1) On lit dans une instruction du ministre, du 30 septem-
bre 1806, concernant le rattachement des trigonométries cadastrales aux triangles de Cassini. « Cependant, on a remarqué
» que quelques géomètres ne faisaient leurs opérations trigo-
» nométriques que lorsque l'arpentage était terminé ; mais
» ceux-là n'ont pu renverser ainsi l'ordre raisonné du travail,
» qu'en ignorant les propriétés d'une triangulation, appliquée
» au levé du détail. Ils n'ont pas su que son but était moins
» d'indiquer les erreurs de l'arpentage déjà fait, que de les
» prévenir dans celui qui doit se faire. En effet, les points
» trigonométriques peuvent être considérés comme des fils
» que saisit constamment le géomètre, pour ne pas s'égarer

.. C'est immédiatement après que la délimitation est faite, que le géomètre se rend dans la commune, pour en faire la trigonométrie. Il est porteur d'une lettre instructive, que le préfet adresse au maire, pour l'inviter à seconder l'arpenteur dans ses opérations ; et déjà l'ouverture des travaux a été annoncée par un avis de ce magistrat, affiché dans cette commune et dans celles circonvoisines.

Le géomètre arpenteur, ayant remis sa lettre de crédit au maire, s'occupe de la *triangulation* ; il fait en sorte d'avoir, par *mille arpens métriques, neuf ou dix points*, placés de manière à tenir l'ensemble de la commune. Il doit éviter de reconnaître, pour points trigonométriques, ceux obtenus seulement par les rayons dirigés des extrémités de la base, ou de deux objets quelconques : si l'on ne peut acquérir la certitude du troisième angle, il faut avoir au moins un troisième rayon sur ces objets. Enfin, on aura soin, pour faire ces opérations, de se servir d'un bon *graphomètre à lunettes, donnant les minutes* ; au surplus, le géomètre emploiera, pour faire une bonne triangulation, tous les moyens que son art lui donne ; en faisant d'ailleurs attention que le but d'une trigonométrie, pour les opérations cadastrales, est

---

» dans le labyrinthe des détails. » Il serait difficile de croire à ce rapport, si Son Excellence ne l'avait pas consigné dans une instruction.

moins d'avoir des points extérieurs à la commune,
que de déterminer un certain nombre d'objets du
terrain dont il s'occupe. La position de la base
n'est pas indifférente, elle doit être prise sur un
terrain sensiblement de niveau, et l'on peut conclure de sa longueur, lorsque la différence entre
deux chaînages n'est que de 1 sur 1000.

  Lorsque le terrain ne permettra pas d'étendre la
trigonométrie sur toute la commune, ou si la
triangulation est insuffisante pour le levé des détails, on la complétera avec des lignes géométriques, menées et mesurées dans les parties qui ne
présenteront pas de points observés ; et ces lignes
seront rattachées au système trigonométrique.

  Si les localités s'opposaient à toute triangulation, on la remplacerait par un assemblage de lignes droites ou brisées, menées dans toute l'étendue de la commune, de manière à ne former
qu'un seul système, et à embrasser tout le terrain
à lever.

  Le mesurage des lignes géométriques présentant
généralement plus de difficulté que celui de la
base, à cause de l'inégalité du terrain, et autres
causes que l'on rencontre en mesurant dans l'intérieur de la commune, on peut prendre un milieu lorsque la différence n'est que de 1 sur 500.

  Ces opérations étant terminées, le géomètre
arpenteur en fait le rapport au *méridien du lieu*,
et il porte sur un registre le résultat des calculs ;
puis il met la triangulation et les lignes brisées,

s'il y en a, dans la proportion de 1 à 50000.

La triangulation étant achevée et portée sur un registre, est envoyée en double au géomètre en chef, qui en fait la vérification.

Une copie du canevas trigonométrique et du registre des calculs est adressée au directeur des contributions, ainsi que le procès-verbal de vérification de ces opérations.

Les connaissances nécessaires au géomètre chargé d'une trigonométrie, seront exposées ci-après, et nous entrerons ensuite dans quelques détails sur la marche qu'on doit suivre.

7. Pour pouvoir effectuer avec succès les calculs que le travail d'une triangulation exige, il faut se familiariser avec les tables des logarithmes, dont l'usage est continuel dans ces opérations, et avec le calcul des triangles.

Je suppose qu'on sait faire les premières règles de l'arithmétique.

Quant aux tables des logarithmes, la plus commode, pour l'ancienne division, est celle de Callet: les logarithmes y sont poussés à sept décimales; mais on pourra se borner à en prendre cinq seulement, en ayant soin d'augmenter le dernier chiffre d'une unité, lorsque ce chiffre excédera 5.

C'est dans cette table même qu'il faut apprendre la manière de s'en servir, tous les cas y sont prévus; et il me semble inutile de rapporter ici l'instruction qui se trouve en tête, puisqu'il est indispensable que celui qui opère soit muni de cette table. 3

Je rappellerai seulement qu'au moyen des logarithmes ;

La multiplication de deux nombres quelconques se réduit à une simple addition ;

La division s'effectue par une soustraction ;

L'élévation des puissances par la multiplication,

Enfin, l'extraction des racines se fait par la division.

Ces règles sont ordinairement énoncées en cette manière : *Le logarithme d'un produit égale la somme des logarithmes du multiplicande et du multiplicateur.*

Ainsi, logarithme $(12 \times 15 \times 17) = $ log. 12 $+$ log. 15 $+$ log. 17.

Le logarithme d'un quotient égale le logarithme du dividende moins le logarithme du diviseur.

Par exemple, log. $\frac{75}{19} = $ log. 75 $-$ log. 19.

Le logarithme d'une puissance quelconque d'un nombre égale le logarithme de ce nombre multiplié par celui qui indique la puissance.

Log. 12^3, ou $12 \times 12 \times 12 = 3$ log. 12.

Le logarithme de la racine d'un nombre égale le logarithme de ce nombre divisé par l'exposant de la racine ; ce qui donne, par exemple,

Log. $\sqrt[3]{25}$, ou log. $25^{\frac{1}{3}} = \frac{1}{3}$ log. 25 $=$ log. $\frac{25}{3}$.

Si on avait à prendre une racine quelconque d'un nombre fractionnaire, il faudrait, avant de diviser son logarithme par l'exposant de la racine, augmenter sa caractéristique d'autant de dixaines, moins une, qu'il y a d'unités dans cet exposant.

Les logarithmes d'une fraction se trouvent comme ceux d'une division; seulement, comme le numérateur est plus petit que le dénominateur, le logarithme de cette fraction se présente sous une forme négative. C'est ainsi que le logarithme de la fraction $\frac{3}{4}$ = log. 3 — log. 4 = — (log. 4 — log. 3).

On évite ces logarithmes négatifs en augmentant de 10 la caractéristique du logarithme du numérateur; mais alors, pour rétablir l'égalité, on supprime une dixaine à la caractéristique du logarithme définitif dans lequel est entré celui de la fraction, et, pour plus de commodité, on a coutume de réduire cette fraction en décimales.

Par exemple, si l'on veut le logarithme de la fraction $\frac{3}{8}$ = 0,375, on a, log. 0,375 = log. 375 — log. 1000; mais, d'après ce qui précède, on augmentera la caractéristique du nombre 375 de 10, ce qui donnera 12; et comme celle de 1000 est 3, la caractéristique de la fraction 0,375 sera 9.

A l'égard des chiffres décimaux qui doivent suivre la caractéristique, on les trouvera dans la table, à côté du nombre 375; ainsi, on trouvera que le logarithme de la fraction 0,375 = 9. 57403; on a également :

$$\text{Log...} \begin{cases} 0{,}0375 = 8.\ 57403. \\ 0{,}00375 = 7.\ 57403. \end{cases}$$

On voit qu'un nombre de dixièmes a 9 pour caractéristique; qu'un nombre de centièmes a 8, et que la caractéristique 7 indique que le nombre correspondant ne contient que des millièmes, etc.

En raisonnant de même, on trouvera que les caractéristiques o, 1, 2, 3, 4, etc., répondent respectivement aux nombres 1, 10, 100, 1000, 10000; etc. ; c'est-à-dire que, pour multiplier un nombre par 10, par 100 ou par 1000, il suffit d'augmenter la caractéristique de son logarithme d'une, deux ou trois unités.

Complémens arithmétiques. — On appelle complément arithmétique d'un nombre, ce qui manque à ce nombre pour faire 10 ou 100, selon que le nombre se trouve entre 1 et 10 ou entre 1 et 100.

Le complément arithmétique se prend facilement à vue dans les tables, en complétant ce qui manque à chaque chiffre pour faire 9, excepté le dernier, qui va jusqu'à 10.

Ainsi, le complément arithmétique de 1,356 est 8,644.

Le complément arithmétique d'un logarithme s'exprime par *c.l*, comme on le voit à l'explication des signes.

Au moyen des complémens arithmétiques, la soustraction se fait par addition, ce qui rend les calculs plus commodes.

CALCULS DES TRIANGLES.

8. Un triangle est composé de trois côtés et de trois angles ; quand on connaîtra trois de ces six parties, on pourra calculer les trois autres ; pourvu qué, dans les trois choses connues, il se trouve un côté ; d'ailleurs, la connaissance de deux angles fait connaître le troisième ; parce qu'un angle quelconque vaut 180 degrés, moins la somme des deux autres angles. (1)

Dans le triangle rectangle, un angle aigu vaut 90 degrés, moins l'autre angle aigu ; ces angles aigus sont appelés complémens ou co-sinus l'un de l'autre. Dans ce qui va suivre, on verra les mots *sinus*, *co-sinus*, *tangentes* et *contangentes*, qu'on représente pas sin., cos., tang., cot. Ce sont des lignes qui déterminent les angles, et qui sont proportionnelles aux côtés des triangles. C'est les logarithmes de ces lignes que l'on trouve dans les tables trigonométriques.

Pour indiquer les degrés, on met la marque °
à la droite du nombre et au-dessus ; le signe ' est le symbole des minutes, et l'on désigne les secondes par '' ; de sorte que 37°32'53'' signifie 37 degrés 32 minutes 53 secondes.

Chaque degré vaut 60 minutes, et la minute 60 secondes.

Voici maintenant les propriétés qu'il est indispensable de connaître.

9. On démontre que *dans un triangle quelconque les sinus des angles sont entre eux comme les côtés opposés à ces angles.*

Au moyen de cette règle, quand on connaîtra un côté et un angle aigu d'un triangle rectangle, on pourra calculer les deux autres côtés.

Dans le triangle obliquangle, on calculera les parties inconnues quand on connaîtra deux angles et un côté; et quand on aura un angle et deux côtés dont l'un sera opposé à l'angle donné, on déterminera l'un des angles inconnus (1).

10. Il reste encore à trouver dans le triangle rectangle un angle aigu quand on connaît les deux côtés rectangulaires, c'est-à-dire, les côtés qui se coupent à angle droit. Voici la règle:

La tangente d'un des angles aigus est égale au côté opposé à cet angle, multiplié par le rayon divisé par l'autre côté de l'angle droit.

11. Dans le triangle obliquangle, si on connaît seulement les trois côtés, on trouvera l'un des angles en faisant l'opération comme il suit:

---

(1) Dans ce dernier cas, le sinus de l'angle inconnu peut appartenir à un angle aigu, ou à un angle obtus qui serait son supplément. Ainsi, il est nécessaire de connaître l'espèce de l'angle inconnu; c'est-à-dire, qu'il faut savoir s'il doit être aigu ou obtus : c'est ce que la pratique fait ordinairement connaître.

De la demi-somme des trois côtés retranchez successivement chacun de ceux qui comprennent l'angle cherché; puis ajoutez ensemble les logarithmes des deux restes et les complémens arithmétiques de ceux des côtés qui comprennent cet angle; la moitié de la somme sera le logarithme du sinus de la moitié de l'angle qu'on demande.

Cet angle une fois connu, on se trouve dans le cas de la règle n° 9.

12. Il arrive fréquemment que dans un triangle obliquangle *on ne connaît que deux côtés et l'angle compris entre ces côtés, et qu'on a besoin de connaître les autres angles et le troisième côté.*

Il y a plusieurs méthodes pour résoudre ce problème; les géomètres-arpenteurs emploient ordinairement celle-ci : *La somme des deux côtés est à leur différence comme la tangente de la moitié des angles inconnus est à la tangente de la moitié de leur différence.*

Ensuite, pour avoir le plus grand angle, on ajoute la moitié de la somme à la moitié de la différence, et on obtient le plus petit angle en ôtant cette demi-différence de la moitié de la somme.

Quand on aura la valeur des angles, on calculera le troisième côté par la règle du n° 9.

13. *Remarque.* 1° Dans la proportion ci-dessus, on fait entrer les côtés qui comprennent l'angle connu; en calculant un réseau de triangle, les côtés sont presque toujours donnés par leurs logarithmes : dans ce cas, il est plus exact et peut-être

plus expéditif d'employer ces logarithmes au lieu des côtés.

Alors, pour avoir la tangente de la demi-somme des angles inconnus, qui est le quatrième terme de la proportion ci-dessus,

Ajoutez ensemble le plus grand logarithme et le complément arithmétique du plus petit, la somme de ces logarithmes sera une tangente que vous chercherez dans les tables, et de laquelle vous soustrairez 45°; ajoutez le logarithme de la tangente du reste avec celui de la cotangente de la moitié de l'angle connu : la somme sera le logarithme de la tangente que l'on cherche.

2° Dans le calcul des triangles d'une trigonométrie, comme celles que l'on fait pour les opérations du cadastre, on ne fait guère usage d'angles au-dessous de 10°, ni, par conséquent, au-dessus de 170° ; cependant, il arrive quelquefois que l'on est obligé de résoudre un triangle par la connaissance de deux côtés et d'un angle très-obtus compris entre ces côtés.

Dans ce cas, on ne fera point usage des méthodes ci-dessus, qui ne seraient pas suffisamment exactes. On aura recours aux séries, dont le premier terme suffira, dans les opérations dont il s'agit, pour avoir le côté et les angles inconnus.

En nommant a, b, les côtés connus, et B l'angle compris entre ces côtés, on a :

$$\text{Log.}\ (a + c - b) = l.\ 2 + l.\ a + l.\ c + 2\ (l.\ co_{s.}\ \tfrac{B}{2}) + c.\ l.\ (a + c).$$

On a encore, en faisant s le nombre de secondes du supplément de l'angle B,

$$l.\,(a+c-b) = l.\tfrac{1}{2} + l.\,a + l.\,c + c.\,l.\,(a+c)$$
$$+ 2\,(l.\,s + 4.68557).$$

Pour avoir l'un des angles aigus de ce triangle très-obtus, l'angle A, par exemple, on a sensiblement,

le nombre des secondes de l'angle A

$$= l.\,a + l.\,s + c.\,l.\,(a+c).$$

Toutes ces expressions seront d'autant plus exactes, que l'angle B approchera davantage de deux angles droits.

Application des principes que l'on vient de donner.

○

TRIANGLES RECTANGLES.

14. *Étant donné un côté et un angle aigu, calculer les deux autres côtés.*

Soit le triangle A B C, dans lequel on connaît FIG. 1. l'hypothénuse B C de 6540^m et l'angle B de 26° 41'.

Suivant la règle du n° 9, on a, en représentant par R le sinus de l'angle droit, ou le rayon,

$$\text{R}:\text{B C}::\begin{cases} sin.\,\text{B}:\text{A C. d'où A C}=\dfrac{\text{B C}\times sin.\,\text{B.}}{\text{R}} \\[2mm] sin.\,\text{C}:\text{A B}\ldots\ldots\text{A B}=\dfrac{\text{B C}\times sin.\,\text{C.}}{\text{R}} \end{cases}$$

4

Opérant par logarithmes,

$l.$ 6540 $= 3.81558. \ldots \ldots \ldots 3.81558$

$l. \sin. 26°41' = 9.65230.$ $l. \sin.. C = 9.95110$

$l.$ A C $= 3.46788.$ $l.$ A B $= 3.76668$

Cherchant ces logarithmes dans les tables, on trouve,

A C $= 2936^m,8$ et A B $= 5843^m,6.$

Remarquez que l'angle C étant égal à 90° moins l'angle B, on obtient sa valeur en retranchant 26° 41' de 90°; d'ailleurs, cette petite opération n'était pas nécessaire ici; car cet angle C étant le co-sinus de l'angle B, on en trouve le logarithme dans la table de Callet, à côté du logarithme de ce dernier angle.

L'opération n'aurait pas plus de difficulté si le côté connu était A B ou A C.

Dans le calcul ci-dessus, comme il aurait fallu ôter la caractéristique 10 du rayon des logarithmes A C, A B, j'ai seulement posé 3 à la caractéristique, pour éviter la soustraction. De même, dans les questions suivantes, au lieu d'effectuer les soustractions, je me servirai des complémens arithmétiques (7), et pour éviter de retrancher une dixaine à la caractéristique, je n'aurai pas égard au logarithme du rayon lorsqu'il sera un des moyens de la proportion; mais quand ce rayon n'entrera pas dans l'expression, il faudra nécessairement soustraire une dixaine à la caractéristique du résultat, ou la poser de moins, si l'on a pris un complément arithmétique.

15. *Connaissant les deux côtés rectangulaires* AB, AC, *calculer un angle aigu, par exemple, l'angle* B.

L'équation du n° 10 donne,

$$\text{Tang. B} = \frac{\text{A C} \times \text{R}}{\text{A B}}$$

et par le logarithme, en omettant le rayon, à cause du complément arithmétique A B,

$$l.\ \text{A C} = 3.46788$$
$$c.\ l.\ \text{A B} = 6.23332$$

$$l.\ \text{tang. B} = 9.70120$$

Ce logarithme répond dans la table à 26° 41′ ; et, comme l'angle C = 90° — B, on a, C = 90° — 26° 41′ = 61° 19′. Quant au troisième côté B C, on le trouvera par la règle du n° 9.

TRIANGLES OBLIQUANGLES.

—

16. *Connaissant le côté* B C *de* 3754^m, *et les* FIG. 2. *angles* A, B, C, *respectivement de* 68° 2′, 58° 53′ *et* 53° 5′, *calculer les deux autres côtés.*

Le principe énoncé au n° 9 donne,

$$\textit{Sin. A} : \text{B C} ::
\begin{cases}
\textit{sin.} B : \text{A C d'où A C} = \dfrac{\text{B C } \textit{sin.} B}{\textit{sin.} A.} \\[2ex]
\textit{sin.} C : \text{A B} \ldots \ldots \text{A B} = \dfrac{\text{B C}\cdot\textit{sin.} C}{\textit{sin.} A}
\end{cases}$$

et par logarithme,

$$\left.\begin{array}{l} l.\ \mathrm{B\,C} = 3.57449 \\ c.\ l.\ sin.\ \mathrm{A} = 0.03274 \end{array}\right\}\dots\dots\dots 3.60723$$

$$l.\ sin.\ \mathrm{B} = 9.93253.\quad l.\ sin.\ \mathrm{C} = 9.90282$$

$$l.\ \mathrm{A\,C} = 3.53976.\quad\quad l.\ \mathrm{A\,B} = 3.51005.$$

On trouve dans la table, vis-à-vis ces logarithmes, 3465,4 pour A C, et 3236,4 pour A B.

L'opération n'aurait pas plus de difficulté si l'on avait d'autres données dans le triangle, pourvu que ces données se trouvent comprises dans le n° 9.

En effet, *si on connaissait les côtés* B C, A C, *et l'angle* A *opposé au côté* B C, on trouverait l'angle B par la proportion,

B C : *sin.* A :: A C : *sin.* B, qui donne,

$$sin.\ \mathrm{B} = \frac{\mathrm{A\,C}\ sin.\ \mathrm{A}}{\mathrm{B\,C}}$$

et, en effectuant le calcul,

$$l.\ \mathrm{A\,C} = 3.53976$$
$$l.\ sin.\ \mathrm{A} = 9.96726$$
$$c.\ l.\ \mathrm{B.\,C} = 6.42551$$

$$l.\ sin.\ \mathrm{B} = 9.93253,\ \text{comme ci-dessus.}$$

17. *Connaissant les côtés* B C, A B, *et l'angle compris* B, *calculer les deux autres angles, et le troisième côté.*

Voici le type du calcul, conforme à la règle prescrite au n° 12.

$$BC = 3754.»$$
$$AB = 3236,4$$
$$l.(BC-AB) = 2.71399$$
$$l.\tan\left(\frac{A+C}{2}\right) = 0.24839$$
$$(AB+BC) = 6990,4.$$
$$(BC-AB) = 517,6.$$
$$c.l.(AB+BC) = 6.15550$$

$$180°. »$$
$$- 58.53'$$
$$l.\tan\left(\frac{A-C}{2}\right) = 9.11788$$

$$A+C = 121°. 7'$$
$$\frac{A+C}{2} = 60°. 33.'30''$$

Le logarithme le plus près qu'on trouve dans la table répond à 7°. 28'. 30''.

Par conséquent, le plus grand angle opposé au plus grand côté vaut 60°. 33'. 30'' $\Big\}= 68°. 2'.$ »
plus 7 . 28 . 30

et le plus petit angle C

vaut. . . . . 60''. 33'. 30'' $\Big\}= 53°. 5'.$ »
moins. . . 7 . 28 . 30

Lorsqu'on connaîtra ainsi les angles de ce triangle, on déterminera la valeur du côté A par l'analogie ordinaire.

Si on calcule la demi-différence des angles A et C par la règle du n° 13, on aura,

$$l. BC = 3.57449$$
$$c. l. AB = 6.48996$$

$$l.\tan. = 0.06445 = 49°. 14'$$
$$- 45°. »$$

$$4°. 14'$$

$l.$ tang. $4^{\circ}.\ 14' = 8.86935$

$l.$ cot. $\frac{1}{2}$ B$\ldots = 0.24839$

$$l.\ \text{tang.} \left(\frac{A-C}{2}\right) = 9.11774. = 7^{\circ}.\ 28'\ 20'',$$

comme ci-dessus, à 10 secondes près. Ce calcul est plus juste que le premier.

FIG. 3.   18. Voici une application de la 2ᵉ remarque du n° 13, c'est-à-dire, du cas où l'angle B est très-obtus.

Supposons cet angle B de 178°, A B de 7300ᵐ, et B C de 8500ᵐ, on aura,

$$l.\ 2 = 0.30103$$

$$l.\ A\ B = 3.86333$$

$$l.\ B\ C = 3.92942$$

$$2.\ (l.\ \cos.\ \tfrac{1}{2}\,B) = 6.48371$$

$$c.\ l.\ (A\,B + B\,C) = 5.80134$$

$$l.\ (a+b-c) = 0.37883$$

Donc A C $= 7300 + 8500 - 2,39 = 15797,61.$

Par l'autre formule du même n° on obtient,

$$l.\ \tfrac{1}{2} = 9.69897 \qquad l.\ s. = 3.85733$$

$$l.\ A\,B = 3.86333 \qquad\qquad 4.68557$$

$$l.\ B\,C = 3.92942 \qquad\qquad 8.54290.$$

$$c.\ l.\ (A\,B + B\,C) = 5.80134$$

$$2\ (l.\ s. + 4.68557) = 7.08580.$$

$$l.\ (a+b-c) = 0.37886,\ \text{comme ci-dessus.}$$

Pour avoir les angles, on fera :

$$
\begin{array}{ll}
\text{pour C,} & \text{pour A,} \\
log. \text{A B} = 3.86333. & l. \text{BC} = 3.92942
\end{array}
$$

$$
\left.
\begin{array}{l}
l.\ s. = 3.85733 \\
c.l.(\text{A B} + \text{B C}) = 5.80134
\end{array}
\right\} \cdots\cdots 9.65867
$$

$$
3.52200 = 3327'' \quad 3.58809 =
$$
$$
3873''
$$

$$
7200'' = 2^o. \text{ » »}
$$

La somme de ces deux angles est de 2°, supplément de 178° de l'angle obtus.

19. *Trouver les angles d'un triangle dont on connaît les trois côtés.*

En conservant les mêmes données, on aura,

$$
\begin{array}{l}
3754 \\
3465,4 \\
3236,4 \\
\hline
10455,8
\end{array}
$$

$$
\begin{array}{lll}
\text{la moitié} = 5227,9 \ldots\ldots\ldots 5227,9 \\
\qquad\quad - 3754.. \quad - \quad 3236,4 \\
\hline
\qquad\quad 1473,9 \qquad\quad 1991,5
\end{array}
$$

$$
\begin{array}{l}
l.\ 1473,9 = 3.16847 \\
l.\ 1991,5 = 3.29918. \\
c.\ l.\ \text{B C} = 6.42551. \\
c.\ l.\ \text{A B} = 6.48995. \\
\hline
\qquad 19.38311.
\end{array}
$$

Prenant la moitié, on a,

$$l.\ sin.\ \frac{1}{2}\ B = 9.69155;$$

ce logarithme répond dans les tables à 29° 26' 30"; donc l'angle B = 58° 53'. On fera la même opération sur chacun des deux autres angles; car il vaut mieux chercher le troisième angle par le calcul que de le conclure de la somme des deux autres; et, s'il arrive que la somme des trois angles ne fasse pas deux angles droits, on pourra répartir la différence également sur les trois angles, après s'être assuré qu'on n'a point commis d'erreur dans le calcul des angles. Cette différence doit toujours être de peu de chose.

Si elle était au-dessus de 3 minutes, il faudrait en rechercher la cause : je dis 3 minutes, parce qu'en observant avec le graphomètre pour les opérations du cadastre, on n'obtient la valeur de chaque angle qu'à une minute près.

20. Tels sont les calculs qui se présentent continuellement à faire dans le travail d'une triangulation.

Il s'agit maintenant d'indiquer comment on prend la valeur d'un angle sur le graphomètre dont nous avons déjà parlé.

Je ne donnerai point la description de cet instrument, parce que l'artiste qui le vend donne ordinairement une instruction sur la manière d'en faire usage, et que c'est en l'examinant qu'on peut plus facilement en concevoir la construction. On en trouve à Paris, chez Lenoir, Richer, Bellet et autres artistes; mais, avant de s'en servir, il faut être certain de son exactitude.

Nous avons donc deux choses à faire : la première, d'examiner comment on compte la valeur d'un angle sur le limbe du graphomètre, et la seconde, d'indiquer la manière de vérifier l'exactitude de cet instrument.

21. *Description du vernier.* Pour distinguer facilement les fractions de degrés et minutes comprises entre les divisions du limbe du graphomètre, on se sert d'une méthode appelée *vernier*, du nom de son auteur, qui la publia en 1631. Voici en quoi elle consiste : il y a sur le limbe de l'alidade mobile un arc de cercle concentrique à la circonférence du limbe de l'instrument. L'espace d'un certain nombre de degrés pris sur la circonférence du graphomètre est porté sur cet arc concentrique, qu'on divise en autant de parties égales, plus une, qu'il y a de degrés dans l'arc que l'on prend sur le limbe du graphomètre.

Par exemple, si l'arc pris sur l'instrument est de 19 degrés, ce même arc porté sur le vernier est divisé en 20 parties égales; par conséquent, la première division du vernier vaudra les 19 vingtièmes d'un degré, ou 57 minutes, c'est-à-dire, que l'intervalle entre une division du limbe et la division correspondante du vernier sera de 3 minutes.

Il faudra donc pousser l'alidade de 3 minutes,

5

pour faire coïncider la première division du vernier avec une des divisions du limbe; de même,
en la poussant de 6 minutes, il faudra regarder la
seconde division de l'alidade, et ce sera celle qui
coïncidera avec une division du limbe; et réciproquement, quand la seconde division de l'alidade se
rapportera avec une division du limbe, on comptera 6 minutes de plus que le nombre de degrés
marqué sur le limbe entre l'objet qu'on observe et
la ligne de *foi*; ainsi des autres.

En général, le limbe du graphomètre est divisé
en demi-degrés : on porte sur le vernier 29 divisions du limbe, qu'on divise en 30 parties égales,
et alors l'instrument donne les minutes, ce qui est
suffisant pour nos opérations.

Il y a des graphomètres dont l'intervalle de chaque degré est divisé en 3 parties égales. Cet instrument donne aussi les minutes, en prenant sur le
limbe 19 divisions, ou 6 degrés 20 minutes, et en
divisant ce même arc en 20 parties égales sur le
vernier.

D'après cet exposé, on pourra toujours connaître jusqu'à quelle fraction de degré un graphomètre donnera la valeur d'un angle.

Plus le diamètre d'un graphomètre est grand,
plus les divisions sont faciles à compter; celui de
3 décimètres de diamètre est le plus petit qu'il soit
permis d'employer pour les triangulations.

22. En faisant l'acquisition d'un graphomètre,
on le prendra avec des lunettes plongeantes, afin

d'éviter les réductions à l'horizon, et deux niveaux à bulle d'air pour le disposer horizontalement.

Il doit y avoir une vis tangentielle au-dessous de la lunette inférieure, pour le faire tourner lentement, en lui conservant sa position horizontale. Il doit aussi y avoir des vis de rappel pour serrer l'instrument et faire mouvoir l'alidade jusqu'à ce qu'elle trouve l'objet dont on a besoin. Enfin, il faut faire attention qu'il y ait à la lunette inférieure un petit carré, dans lequel on met une clef qu'on tourne dans le cas où les fils de soie des lunettes ne se correspondent point, jusqu'à ce que ces mêmes fils ne fassent qu'une même ligne droite.

Estimer la grandeur d'un angle sur le graphomètre.

23. Pour avoir la valeur d'un angle donné par le graphomètre, on se sert d'une bonne loupe pour examiner, sur le limbe et sur le bord du vernier, quelles sont les divisions qui coïncident ou qui en approchent le plus : alors, partant de cette division pour revenir vers la ligne de mire, on comptera toutes les divisions intermédiaires, et l'on prendra autant de minutes qu'il y aura de pareilles divisions, si le vernier donne les minutes, ou bien autant de fois deux minutes, si l'instrument ne donne les minutes que de deux en deux. On ajoute le nombre des minutes au nombre de degrés marqués sur le bord de l'instrument avant la première

ligne du vernier ou la ligne de mire. Le résultat est l'angle cherché.

Il faut bien faire attention que les minutes trouvées ci-dessus correspondent au petit arc compris entre la ligne de mire et la division du limbe qui en est le plus près vers le point de zéro.

Ainsi, lorsque cette ligne de mire sera plus loin qu'une division du limbe indiquant un demi-degré, il faudra ajouter 30 minutes au nombre de degrés indiqués sur le limbe du graphomètre.

Quand l'angle à mesurer est obtus, et que le graphomètre est un demi-cercle, on fera bien, pour éviter toute méprise sur le vernier, de prendre la valeur de l'angle aigu, en ayant soin de l'indiquer sur le registre d'observations.

Il arrive souvent que l'on ne trouve point de divisions qui se rapportent exactement; alors on s'arrête à celles qui approchent le plus de tomber l'une sur l'autre, et l'on estime le mieux possible l'excès ou le défaut, en comptant d'ailleurs comme ci-dessus.

Vérification d'un graphomètre.

24. On peut vérifier un graphomètre en observant séparément les trois angles de plusieurs triangles; car si les angles sont bien pris, et si l'instrument est bon, on doit trouver, à très-peu près, deux angles droits, c'est-à-dire, 180 degrés.

On peut aussi le vérifier en choisissant une plaine environnée de beaucoup d'objets, et diriger des rayons visuels sur chacun, en observant les angles deux à deux, et tournant toujours dans le même sens, jusqu'à ce que l'on soit arrivé à l'objet d'où l'on est parti. Si l'instrument était bien exact, et que l'on pût observer chaque angle avec une précision mathématique, on aurait 360 degrés pour la somme de tous ces angles, qui forment un *tour d'horizon;* mais comme cette rigueur ne peut avoir lieu, soit à cause de l'imperfection de notre vue, soit parce que les divisions de l'instrument sont trop petites, lorsque la différence ne sera que de quelques minutes pour un graphomètre de 3 décimètres de diamètre, on conclura que l'instrument est suffisamment bon.

En général, on ne regarde point l'instrument comme défectueux, lorsque la différence que l'on trouve avec quatre angles droits dans un tour d'horizon n'excède pas un nombre de minutes égal à celui des angles faits sur les alignemens fixes pour former le tour d'horizon, si le vernier du graphomètre donne les minutes.

Ainsi, ayant pris cinq angles pour le tour d'horizon, si l'on ne trouve que cinq minutes de différence avec quatre angles droits, on s'en tiendra à cette observation, et ces cinq minutes seront réparties sur les angles observés, à moins que l'on n'ait plus de confiance à quelques-uns des angles qu'aux autres. Cette pratique est généralement usitée dans les opérations de petite étendue.

J'observe cependant qu'alors même qu'on trou-

verait moins de cinq minutes de différence pour
cinq angles, on ferait bien de répéter l'opération
plusieurs fois, parce qu'il pourrait se faire qu'une
erreur faite sur l'un des angles compensât celle de
l'instrument; et cette compensation, que le hasard
peut faire naître, serait la cause des erreurs inévitables qu'on ferait involontairement en opérant
avec un instrument qu'on croirait bon, tandis qu'il
serait défectueux.

Il faut encore vérifier le graphomètre quant à la
position des alidades, en dirigeant la mobile sur le
même point que la fixe, pour voir si elles coïncident parfaitement, c'est-à-dire, si les fils se confondent dans un même plan, lorsque les zéros des
verniers coïncident avec la ligne de foi.

Cela étant, on changera la position de l'alidade
mobile, de manière que le vernier qui se trouve
sur zéro du limbe soit sur 180 degrés; et l'on examinera si les fils coïncident encore dans un même
plan vertical.

25. Quelques précautions que prenne l'artiste
dans la confection d'un graphomètre, il arrive
assez souvent que les fils des alidades ne coïncident
pas toujours parfaitement; il est rare de trouver
un graphomètre à pinnules qui ne donne pas une
petite erreur, que l'on nomme *parallélisme,* et
que l'on rectifie ordinairement au moyen d'une vis
de rappel; ou bien on y a égard en observant la
valeur des angles.

Si les fils des lunettes ne forment pas une ligne

droite, on les rectifiera au moyen de la clef dont on a parlé au n° 22.

Il y a des graphomètres où il n'y a pas de clef, et où il faut tourner l'objectif de la lunette inférieure jusqu'à ce que le fil réponde précisément à celui de la lunette supérieure, que l'on ne dérange point. Ce procédé n'est pas aussi commode que la clef.

Remarque. M. Reichenbacc a construit un théodolite répétiteur dont les lunettes plongeantes ont la propriété de se mouvoir de plusieurs degrés dans un plan bien perpendiculaire au limbe, et ce théodolite se dispose horizontalement à l'aide de deux niveaux placés à angles droits et attachés au limbe. Voici comment il faut s'y prendre pour vérifier cet instrument :

On adapte à l'axe de rotation deux crochets parfaitement égaux, auxquels est suspendu un niveau, et lorsque l'instrument est calé au moyen des vis du pied, cet axe doit se trouver horizontal. Le contraire arriverait si les deux crochets n'étaient pas exactement égaux, ce dont on s'assure en retournant le niveau bout pour bout : dans ce cas, on corrige le niveau moitié avec la vis du pied qui incline l'axe de rotation, et moitié avec la vis de rappel. On met ensuite cet axe parallélement au plan du limbe; puis on examine si l'axe optique est perpendiculaire à l'axe de rotation. Pour vous en assurer, dirigez la lunette supérieure sur un objet éloigné, et renversez cette lunette de manière que le bout de l'axe qui était à gauche se trouve à droite. Ramenez la lunette sur l'objet, et voyez si l'axe optique répond au même point qu'avant le renversement : dans le cas contraire, on tournera le réticule jusqu'à ce que l'intersection des fils coupe en deux également la moitié de l'erreur observée, et on ramènera l'axe optique sur le premier point de visée, en donnant un mouvement horizontal à tout l'instrument. On répète cette opération une seconde fois, et s'il se trouvait encore une petite erreur, on ferait une correction semblable à celle qu'on vient d'indiquer, et l'on continuerait de la même manière, jusqu'à ce que l'axe optique soit bien perpendiculaire.

Voici comment on mesure un angle avec cet instrument :

Les divisions sont ordinairement écrites de manière qu'elles se lisent de droite à gauche. On met l'un des *verniers* à zéro, et l'on dispose le limbe horizontalement. On amène la lunette supérieure sur l'objet à gauche, en faisant tourner à la fois les deux limbes concentriques, et la lunette supérieure étant indépendante de ce mouvement, est dirigée sur un objet quelconque servant de point de mire. Ensuite on amène la lunette supérieure sur l'objet à droite; alors l'arc parcouru sur le limbe extérieur gradué par le vernier tracé sur le limbe intérieur, est la mesure de l'angle qu'il faut mesurer.

On peut répéter cette opération autant de fois

qu'on le voudra, en remettant la lunette supérieure sur l'objet à gauche, au moyen d'un mouvement de rotation donné au cercle, et laissant toujours la lunette inférieure sur le point de visée, ou l'y remettant si elle s'en était écartée.

L'instrument étant dans cet état, on desserre la lunette supérieure, et on la met sur l'objet à droite; alors l'arc parcouru sera double. En continuant de la même manière, on aurait l'arc triple, etc.; et en prenant le tiers, il est probable qu'on aurait l'angle simple avec plus d'exactitude que par une seule observation.

Problèmes qu'il est nécessaire qu'on sache résoudre, lorsqu'on est chargé de faire la triangulation d'une commune.

26. *Déterminer la distance entre deux objets* A FIG. 4. *et* B, *auxquels il est impossible d'aller directement de l'un à l'autre.*

Choisissez une ligne C D, telle qu'on puisse aller du point C au point D, et qu'il soit possible de prendre la valeur des angles ACD, ACB, BDC, BDA, et mesurez bien exactement la ligne CD.

$$\text{Soit ACD} = 95^{\circ}. \; 30^{1}$$
$$\text{ACB} = 47^{\circ}. \; 10$$
$$\text{BDC} = 98^{\circ}. \; 15$$
$$\text{BDA} = 52^{\circ}. \; 25$$
$$\text{et} \quad \text{CD} = 500^{m}.$$

Je résous les triangles ACD, BCD, d'après la

6

règle du n° 9; ce qui donne, dans le triangle ABC, deux côtés et l'angle compris A B; ainsi, je connaîtrai AB par le principe du n° 12.

Si on se donne la peine de faire le calcul, on trouvera que cette distance est de 660 mètres.

On peut faire la preuve de son opération en calculant AB par le triangle ABD, dans lequel on aurait aussi deux côtés et l'angle compris D.

27. La condition la plus avantageuse au calcul des triangles, est 1° que la base soit égale au côté cherché quand il s'agit de déterminer un côté seulement; ainsi, quand on doit connaître deux côtés et l'angle compris, il suffit d'observer que chacun des deux autres angles ne soit pas trop petit.

2° Lorsqu'il faut connaître deux côtés d'un triangle, le cas le plus favorable est que le triangle soit équilatéral; c'est une conséquence de la règle fondamentale, qui veut que la base soit égale au côté cherché; mais si l'on ne peut satisfaire à cette condition, on en approchera le plus qu'il sera possible.

Une base bien disposée, qui sera le quart et même le cinquième des côtés que l'on cherche, donnera toujours une exactitude suffisante.

28. *Déterminer, par rapport à trois points connus* A, B, C, *la position d'un quatrième point* D, *qu'on n'a pu apercevoir d'aucune station, mais duquel on peut observer les trois premiers.*

Cette question, une des plus importantes pour

la construction d'un canevas trigonométrique,
présente plusieurs cas qu'il est nécessaire de bien
établir, pour que l'on ne se trouve jamais embarrassé dans son application.

Étant au point D, on mesure les angles ADB, FIG. 5.
ADC, et toute l'opération sera terminée sur le
terrain.

Pour pouvoir placer ce point D, on voit que la
question se réduit à trouver deux quelconques des
rayons AD, BD, CD.

Pour y parvenir, si, par les points A, C, D,
on imagine une circonférence de cercle, le point
B pourra se trouver intérieur ou extérieur au
cercle, et le point D en dedans ou hors du triangle ABC, ou sur l'un des côtés de ce triangle. Cela
posé, imaginons encore les rayons AE, CE;
alors, dans le cas où le point E est hors la circonférence, et le point D hors du triangle ABC, on
peut résoudre le triangle AEC; car on connaît
AC donné, et les angles EAC, ACE, égaux à ceux
observés CDE, ADE; on aura donc AE : et dans
le triangle ABE on connaîtra deux côtés et l'angle
compris; car l'angle BAE = BAC donné, moins
CAE qu'on vient de calculer; donc on aura l'angle AEB et son supplément AED = ACD : donc
enfin on connaîtra AD, DC, puisque, dans le
triangle ADC, on a AC donné, l'angle en D mesuré, et l'angle en C calculé.

Lorsque le point B est dans la circonférence, FIG. 6.
après avoir résolu le triangle AEC, on retran-

chera BAC de CAE pour avoir AEB = ACD.

FIG. 7. Quand B est intérieur et au-dessous de AC, après avoir résolu AEC, on a CAE + BAC = BAE; on en conclut AEB = ACD.

FIG. 8. Lorsque le point D se trouve dans le triangle, on résout toujours AEC, puis on a CAE + BAC = BAE, qui détermine le triangle ABE, lequel donne l'angle AEB = ACD.

FIG. 9. Si le point D se trouve sur AB, on a tout de suite AD et CD, puisqu'on connaît CAD, ADC, et le côté AC:

FIG. 10. Enfin, si les trois points A, B, C, étaient en ligne droite, on chercherait de la même manière l'angle AEB = ACD.

Il y a, pour résoudre cette question, des formules qui dispensent de construire une figure pour chaque cas; mais il est nécessaire de les modifier selon la position du point D à l'égard des trois sommets observés; c'est pourquoi le procédé que nous venons d'indiquer est généralement suivi par les géomètres-arpenteurs qui n'ont pas l'habitude du calcul analytique.

Le calculateur saura toujours si le point B est intérieur ou extérieur à la circonférence. Il sera intérieur si on a BDC plus grand que BAC.

Si, au contraire, on avait BDC plus petit que BAC, ce point serait extérieur.

Si ces angles étaient égaux, le problème serait indéterminé, parce qu'alors les quatre points seraient sur la même circonférence.

Avant de quitter le point D, l'observateur examinera s'il ne pourrait pas apercevoir un quatrième point déjà déterminé. Si cela est possible, il prendra l'angle avec un des autres points, et le calculateur fera abstraction, par exemple, du point C, et liera ce nouvel objet avec les deux autres A et B, pour trouver une seconde fois la valeur de AD.

Remarque. Si l'on ne voulait que la situation du point D sur la carte, comme cela arrive dans le levé des détails d'un plan, il ne serait pas nécessaire de connaître les angles du triangle ABC; il suffirait d'avoir la position des lignes AB, BC, et les angles observés du point D entre les trois objets déterminés.

Pour représenter sur la carte l'objet A duquel FIG. 11. on a aperçu trois points B, C, D, connus et déterminés, prenez la valeur des angles BAC, CAD; menez sur la carte les lignes BC, CD, et décrivez sur ces lignes des portions de cercle capables des angles mesurés BAC, CAD; l'intersection A de ces deux cercles sera l'endroit où cet objet doit être placé. (Voyez le n° 150.)

On aurait plus de précision dans la pratique en faisant le rayon du cercle $ACB = \dfrac{BC}{2 \; sin. \; \overline{BAC}}$, et celui du cercle $ACD = \dfrac{CD}{2 \; sin. \; \overline{CAD}}$.

Au moyen de la planchette, dont on parlera par la suite, on place graphiquement un quatrième point sur le papier d'une manière très-prompte; mais il est probable qu'elle n'est pas aussi exacte que le procédé que nous venons d'indiquer.

Appliquons numériquement cette question à un exemple :

$$\text{Soit AB} = 4262,\ 3$$
$$\text{BC} = 3037,\ 9$$
$$\text{AC} = 3295. \text{ »}$$
$$\text{A} = 45°. \text{ »}$$
$$\text{B} = 52°.\ 12'$$
$$\text{C} = 82°.\ 48.$$

et supposons qu'au point D on ait observé les angles ADB de 72°. »

CDB de 40°. 30'.

Comme ces angles sont respectivement plus grands que ceux A et C du triangle donné, et que le point D est hors de ce triangle, la solution se rapporte à la figure 6.

Pour avoir AE , je 'prends le supplément des angles observés au point D, et j'ai 67° 30' pour l'angle en E; puis je fais :

$$c.\ l.\ 67°.\ 30' = 0.03438$$
$$l.\ 3595 = 3.55570$$
$$c.\ l.\ 72°. = 9.97821$$
$$\overline{l.\ \text{AE}} = 3.56829;$$

ce qui donne AE = 3700,75.

On a ensuite (17)

AB + AE = 7963,05; AB — AE = 561,55 ; de plus, BAC — CAE.= 4°. 30'.

Par conséquent, $\frac{1}{2}$ (ABE + AEB) = 87°. 45.
On a donc

    c. l. 7963,05 = 6.09892

      l. 561,55 = 2.74939

   l. tang. 87°. 45' = 1.40572

       l. tang. . . = 0.25403 = 60°. 52'. 30".

Donc l'angle AEB = 87°. 45' + 60°. 52'. 30" =
148°.37'.30", et son supplément est de 31°.22'.30".

  Pour avoir AD et CD, on fera

    c, l. 67°. 30' = 0.03438 }
          l. 3595 = 3.55570 } 3.59008

*l.sin.*31°.22'.30" = 9.71654. *l.sin.*36°.7'30" = 9.77052

      l. AD = 3.30662.   *log.* CD = 3.36060

           = 2026.   = 2294.

Les distances AD et CD sont celles qu'il fallait
connaître pour placer le point D.

  29. Dans une opération trigonométrique, il arrive fréquemment que l'on ne connaît pas directement les côtés et les angles du triangle qui sert à
placer le quatrième point D ; mais les observations
et les calculs qui environnent les sommets de ce
triangle, donneront les moyens d'en connaître les
côtés, et, par conséquent, les angles.

  Par exemple, si du point D on a aperçu les som- FIG. 14.
mets A, H, L, et si les calculs que vous avez faits
de votre trigonométrie ne vous donnent point les
distances AH, LH, vous les obtiendrez facilement.

  Pour avoir AH, on considérera le triangle ABH,
dans lequel on connaîtra deux côtés et l'angle com-

pris, ce qui donnera AH; alors dans le triangle
AHL on aura aussi deux côtés et l'angle compris,
ce qui fera calculer LH.

Les trois côtés étant connus, on déterminera les
angles comme on l'a fait au n° 19.

30. *Remarque.* Ce moyen pourrait devenir très-
long, s'il y avait beaucoup de triangles à résoudre
avant d'arriver aux distances que l'on cherche;
mais on y parviendra promptement en employant
les distances des sommets des triangles à la méridienne et à sa perpendiculaire, ce qui forme l'objet du problème suivant :

FIG. 14. *Les distances de deux points L et H d'un lieu*
quelconque B à sa méridienne et à sa perpendicu-
laire, étant données, trouver l'angle que forme la
droite HL avec la parallèle, à la méridienne qui
passe par le point L.

Lorsqu'on fait le calcul des distances à la méridienne et à sa perpendiculaire, on a coutume d'indiquer à chaque point l'angle que fait la méridienne
avec le côté qui sert d'hypothénuse au triangle
qu'on calcule.

Ainsi, l'angle que l'on demande se trouvera déterminé, si l'on a mis de l'ordre dans les calculs.

Mais si l'on avait oublié de le noter, on le trouverait de cette manière :

Ajoutez les distances à la méridienne $L p$, $H x$;
ajoutez aussi les distances à la perpendiculaire $B x$,
$B p$; alors vous aurez un triangle rectangle $L y H$,
dans lequel vous connaîtrez les deux côtés de

droit L y, y H; et l'on aura, par conséquent (15),

$$\text{Tang. } y\,\text{L\,H} = \frac{y\,\text{H}}{y\,\text{L}}.$$

Or, dans ce cas, y H $=$ la distance à la méridienne du point L, plus celle du point H; et y L $=$ la distance à la perpendiculaire du même point L, plus celle du point H. Cet angle connu donne le moyen de calculer la distance L H. On peut se dispenser de calculer cet angle ; car on a aussi L H $=$ la racine carrée de la somme des carrés y H et y L.

Ce dernier calcul serait peut-être plus long que le précédent ; mais on l'abrégera en se servant d'une table des carrés. On voit assez ce qu'il y aurait à faire si les points L et H avaient une autre situation par rapport à la méridienne du point B, à laquelle ils sont rapportés. C'est par le moyen de cette méthode qu'on peut lier ensemble deux points appartenant à deux chaînes différentes de triangles, dont tous les sommets sont rapportés à une méridienne et à sa perpendiculaire.

31. *Connaissant la distance AB de deux objets* FIG. 4. *auxquels il est impossible d'aller, trouver celle* CD *de deux autres objets que l'on ne peut observer d'aucun endroit, mais de chacun desquels on peut apercevoir les trois autres.*

On peut supposer une longueur quelconque à CD , et chercher AB d'après cette supposition.

Si le résultat du calcul donne pour AB une va-

7

leur différente de celle que cette ligne doit avoir, on en conclura que CD n'est pas égal à la supposition qu'on a faite; mais comme la valeur des angles en C et D ne changera pas, quelle que soit la longueur qu'on puisse supposer à CD, les côtés des triangles qui résulteront de l'étendue supposée à cette ligne, seront proportionnels aux côtés homologues des triangles qui donneraient la véritable longueur de cette même ligne.

On aura donc,

AB faux : AB vrai : : CD faux : CD vrai.

Si les angles observés sont :

ACD de   97°. 25'

BCD.....48°. 46'

ADC ....54°. 16'

BDC...100°. 56'

je cherche AD en supposant CD = 1.

Pour cela, je commence par déterminer le côté AC, que je trouve, en opérant d'après les règles de la résolution des triangles, de 1,71152.

Je calcule ensuite le côté BC, qui se trouve être de 1,94635.

Enfin, au moyen du triangle ABC, dans lequel on connaît deux côtés et l'angle compris, je cherche AB (1); ce côté serait de 1,52195, si CD était effectivement égal à l'unité, comme on l'a supposé.

---

(1) On remarquera que les opérations que l'on vient de faire ne sont autre chose que l'application du problème n° 26.

Si la longueur réelle de AB est donnée, par exemple, de 1982,4, on aura la proportion :

$$1,52195 : 1982,4 :: 1 : CD;$$

d'où

$$CD = \frac{1982,4}{1,52195} = 1302,54.$$

On fera des proportions analogues pour avoir les autres lignes AC, AD; BC; BD, si on en a besoin, comme cela arrive quelquefois dans les opérations trigonométriques, pour continuer une suite de triangles. C'est encore par le secours de ce problème qu'on lie ensemble deux bases dont l'une ne peut être vue de l'autre, à cause qu'il se trouve, par exemple, une ville, un bois, une montagne ; mais que des extrémités de chacune on peut apercevoir deux points fixés ou placés convenablement, et dont on peut connaître la distance.

32. Voici encore un problème utile aux géomètres-arpenteurs, et même aux vérificateurs des plans, pour connaître, sur un alignement qui traverse des vallons ou des terrains marécageux, une distance qu'il ne serait pas possible de mesurer directement.

Connaissant AB $= a$, CD $= b$, *et les angles* FIG. 12. *f, g, h, observés d'un point* E *entre A et* B, B *et* C, C *et* D, *on demande la longueur* BC, *qui est sur la droite* AD.

On démontre (voyez mon Manuel trigonométrique, page 88) qu'on a :

$$BC = -\frac{1}{2}(a+b) \pm \sqrt{\left(\frac{A-B}{4}\right) + \frac{sin.(f+g)\,sin.(g+h)\,ab}{sin.f.\,sin.h.}}$$

Si l'on fait $a = b$, on aura :

$$BC = -a \pm \sqrt{\frac{sin.(f+g)\,sin.(g+h)\,a^2}{sin.f.\,sin.h.}}$$

La valeur de BC étant toujours une quantité positive, on prendra le signe $+$ ou le signe $-$, selon que l'on aura a plus grand ou plus petit que b.

Pour donner une application de ce problème, supposons que le géomètre, en mesurant sur l'alignement AD, se trouve arrêté par un obstacle interposé entre B et C; il arrête sa mesure au point B, où il met un jalon; il se porte au point C, où il met un autre jalon, et il mesure une autre distance CD; il met encore un jalon en D.

Il choisit ensuite un point E, duquel il puisse apercevoir les jalons B, C, D, et il mesure les angles AEB, BEC, CED, représentés dans les formules ci-dessus respectivement par f, g, h.

$$\text{Soit } f = 36°. \quad »$$
$$g = 27°. \quad »$$
$$h = 36'. \; 33'. \; 40''.$$
$$a = 100.$$
$$b = 100.$$

La seconde formule donnera :

$$l.\ sin.\ (f+g) = 9.94988$$
$$l.\ sin.\ (g+h) = 9.95202.$$
$$l.\ a^2 = 4....$$
$$c.\ l.\ sin.\ f = 0.23078$$
$$c.\ l.\ sin.\ h = 0.22499$$

$$4.35767$$

La moitié $= 2.17883 = 150,95.$

Donc BC $= 150,95 - 100 = 50,95.$

Réduction au centre des stations.

33. Dans les opérations trigonométriques, il arrive souvent qu'il est impossible de placer le graphomètre au centre des objets où l'on veut faire son observation.

Alors on est obligé de réduire les angles observés à côté du centre à ceux qu'on aurait pris si l'instrument avait été placé au centre. Ces réductions sont indispensables dans les opérations de quelque importance; mais elles peuvent souvent être négligées dans les petits levés.

Cependant, pour qu'on puisse les faire quand on le croira nécessaire, je vais rapporter ce qu'il importe de savoir pour ces petites opérations, telles que celles du cadastre.

Définitions. L'intervalle DC, compris entre le point où l'on observe et le centre C, se nomme *distance au centre;* je la fais $= r$.

Les droites BC, AC, sont appelées *rayons cen-*

FIG. 13.

traux; la première à droite est représentée par D, et la seconde à gauche par G.

L'angle ADC, ou BDC, formé par le rayon visuel et la distance au centre, se nomme *angle à la direction;* cet angle est désigné par *y*.

Enfin, les angles DAC, DBC, compris entre un rayon visuel et le rayon central correspondant, sont connus sous le nom d'*angles opposés à la distance*. Le premier est désigné par *m*, et le second par *n*. Cela posé, en prenant la valeur des angles à réduire au centre, l'observateur peut être placé dans la direction du centre à l'un des objets, ou bien entre les rayons centraux, ou bien enfin il peut être placé entièrement au dehors de ces rayons, et il peut arriver que, dans le triangle ABC, dont on veut mesurer l'angle C, au sommet duquel on suppose que l'observateur ne peut se placer, on connaisse :

1° Tous les élémens de ce triangle par la conclusion de l'angle C, et que, pour vérifier, on veuille mesurer cet angle;

2° Les angles A et B, avec un des rayons D ou G;

3° Enfin, la position des points A et B.

Si le terrain est libre, l'observateur aura soin de se placer le plus près qu'il pourra de la circonférence qui passerait par les trois sommets du triangle, et il ne sera pas éloigné de cette ligne courbe si l'angle formé par le rayon central D et la distance au centre, est à peu près égal à l'angle A, parce qu'alors il sera sur un des points de la tangente au cercle.

On voit de là que si l'on ouvre sur l'instrument un angle égal à B, et qu'on cherche par des essais le point d'où les deux lunettes ainsi fixées couvriront les sommets A et C, ce point sera sur la circonférence, et l'angle qu'on y observera en visant sur A et B, sera celui qu'on demande; alors il n'y aura aucune réduction à faire.

Mais les localités peuvent être telles qu'on soit obligé de s'éloigner beaucoup de cette circonférence : dans ce cas, l'observateur n'étant plus le maître de choisir le point de station, se trouvera dans l'une des positions indiquées ci-dessus.

Lorsqu'on sera placé dans la direction du centre à l'un des objets, en faisant l'angle ABC = C, et l'angle observé entre A et B = O, on a :

Si l'on est en
$$\begin{cases} x, \ldots C = O - n. \\ z, \ldots C = O - m. \\ x', \ldots C = O + n. \\ z', \ldots C = O + m. \end{cases}$$

Si l'observation est faite entre les rayons centraux, comme en D, on aura :

$$C = O - m - n.$$

Quand on est entre les rayons centraux prolongés,

$$C = O + m + n.$$

Enfin, l'observateur étant au dehors de ces rayons, on a, lorsqu'il est placé à droite du centre, comme

en F...... $C = O + n - m$; s'il est à gauche, comme
en L...... $C = O + m - n$.

Voici un tableau présentant les expressions m et n, selon l'endroit où l'observateur est placé.

POSITION DE L'OBSERVATEUR.	EXPRESSIONS DE	
	$m.$	$n.$
x , x'.	. . . .	$\dfrac{r.\,sin.\ O}{D}$
z , z'.	$\dfrac{r\,sin.\ O}{G}$	»
D , E	$\dfrac{r\,sin.\ y}{G}$	$\dfrac{r\,sin.\ y'}{D}$ (1)
L.	$\dfrac{r\,sin.\,(O+y)}{G}$	$\dfrac{r\,sin.\ y}{D}$
F	$\dfrac{r\,sin.\ y}{G}$	$\dfrac{r\,sin.\,(O+y)}{D}$

Si l'on avait plusieurs angles à réduire au même centre, il faudrait tâcher de se placer de manière à ce qu'on pût apercevoir tous les objets de cet

---

(1) O étant toujours l'angle observé, et y celui compris entre l'objet à gauche A et le rayon central y', ou l'angle compris entre ce même rayon et l'objet à droite B, vaut $(O+y)$.

endroit, parce qu'alors il suffit de mesurer la distance au centre, et un seul angle à la direction.

Application pour le cas où l'observation est faite au point F.

En supposant AFB $= O$, de 60° »
$$AFC = y \ldots 58° 41'$$
$$G = 1900^m.$$
$$D = 2090^m.$$
$$r = 10^m.$$

la formule $C = O + r \dfrac{(sin.(O+y)}{D} - \dfrac{r \sin. y}{G}$

donne, en opérant par logarithmes,

1er terme.	2e terme.
$l. 10 = 1 \ldots \ldots \ldots 1.$	
$l. sin. (O+y) = 9.94314.$	$l. sin. y = 9.93161$
$c. l. D = 6.69897.$	$c. l. G = 6.72125$
$l. sin. n = 7.64211.$	$l. sin. m = 7.65286$
$n = 15' 4''$	$m = 15' 27''$

On a donc,
$$C = 60° + 15' 4'' - 15' 27'' = 59° 59' 37''.$$

La réduction n'est que de 23″.

Si l'observateur avait été placé en D ou en E, la réduction eût été de la somme des deux termes, c'est-à-dire, de 30' 31″, ou seulement 30'½, qu'il aurait fallu ajouter pour le point E, et soustraire pour le point D.

34. Lorsque l'on ne connaît que la position des

8

points A et B, il faut, étant au point F, observer
les angles que fait la ligne du nord avec l'un des
rayons AF ou BF ; et comme la position de la ligne AB donne aussi sa déclinaison, on pourra résoudre le triangle ABF, qui donnera le moyen
d'avoir *m* et *n*.

Cette opération peut se faire en faisant usage
des angles d'orientement, ou simplement en employant la construction graphique ; car la détermination de ces côtés n'exige pas une précision
rigoureuse, en ce que la distance au centre est
toujours très-petite par rapport aux rayons D et G.

Ordinairement, *r* n'excède pas 10 mètres, et les
rayons centraux ne sont guères au-dessus de 2 à
3000 mètres pour une triangulation d'une étendue
superficielle de 4 à 5000 hectares ; alors une différence de 20 mètres sur les rayons centraux ne produit pas une erreur appréciable, pour les opérations
dont il s'agit, dans la réduction de l'angle au centre.

35. *Remarque.* Lorsque le sommet C est élevé,
et que le lieu de l'observation en est peu éloigné,
il peut arriver que l'on ne puisse apercevoir ce
point avec la lunette adaptée à l'instrument.

Pour remédier à cet inconvénient, ou marque
sur la lunette supérieure deux points, l'un près de
l'oculaire, et l'autre près de l'objectif (la vis du
réticule et celle de la petite pièce cylindrique qui
entraîne le verre objectif, ont ordinairement assez
de saillie au-dessus du tube pour servir de point
de mire), et l'on juge le mieux qu'il est possible

si ces points et le centre sont bien dans une même ligne droite.

Au lieu de cette pratique, qui n'est pas toujours très-exacte, il vaut mieux, si le terrain est libre, placer un jalon dans le prolongement de la ligne CF, et assez éloigné de la station F, afin de mieux déterminer cet alignement.

Toute la difficulté est maintenant de pouvoir obtenir la distance au centre, lorsqu'elle ne peut être mesurée directement, c'est-à-dire, lorsqu'il n'est pas possible d'aller du point de station à la verticale qui passe par le point C.

Si cet objet C est élevé au milieu d'un moulin à vent, ou tout autre bâtiment circulaire, on mesurera d'abord jusqu'au mur, et ensuite on cherchera le diamètre de cet édifice par les méthodes que donne la géométrie. On peut, par exemple, renfermer le cercle dans quatre lignes qui lui soient tangentes ; après s'être assuré que toutes ces lignes sont égales, l'une d'elles sera le diamètre du cercle.

On peut aussi appliquer bien exactement un cordeau le long du mur circulaire ; avec cette corde mesurée avec soin, on aura le rayon ou la distance que l'on cherche, en divisant par 44 le nombre qu'on trouvera en multipliant la longueur du cordeau par 7.

Enfin, si l'observation se faisait dans un clocher, il faudrait attacher à la flèche un fil à plomb qui déterminerait la ligne verticale passant par le centre. Alors on mesure la distance du point d'ob-

servation à ce fil à plomb avec une chaîne ou un
cordeau : quant à l'angle de direction, il suffit de
pointer la lunette sur cette ligne verticale.

DES SIGNAUX,

*et reconnaissance des endroits où il convient de les
placer sur le terrain dont on veut faire la triangulation.*

———

36. Pour parcourir le terrain, le géomètre-arpenteur se fera accompagner par des hommes qui
connaissent bien la commune, et qui puissent lui
donner les renseignemens dont il pourrait avoir
besoin pour la recherche des endroits les plus convenables pour servir de points d'observation.

Les tours, donjons, etc., couronnés de plates-
formes, sont des signaux à remarquer de préférence, parce que l'on peut y placer l'instrument
assez commodément. On élève ordinairement, au
centre de ces objets, une petite flèche qu'on puisse
apercevoir des stations environnantes.

Comme on ne trouve pas sur le terrain assez de
ces objets à observer, et que, d'ailleurs, ils ne sont
pas toujours disposés de manière à obtenir des
triangles les plus avantageux, qui sont ceux qui
approchent davantage du triangle équilatéral, on
établit des signaux sur les hauteurs; mais il faut
préalablement se transporter à ces endroits, pour
examiner les objets les plus propres à devenir des

points trigonométriques. A chaque élévation où l'on se détermine à mettre un signal, on fait, avec un instrument de petite dimension, un tour d'horizon, pour rechercher les objets les plus apparens, et qui paraissent propres à servir de points trigonométriques : on mesure les angles (en se bornant seulement aux degrés) que tous ces objets font entre eux; on en fait le dessin de manière à pouvoir les reconnaître des autres stations, et on prend note de leur distance estimée, ainsi que du nom de ces objets.

Il faut éviter de placer des signaux sur le milieu d'un coteau, et dans des endroits où il se trouve une élévation, des arbres, etc., parce qu'il serait souvent impossible de les apercevoir : au contraire, un signal isolé et placé à l'horizon, c'est-à-dire, se projetant dans le ciel, s'aperçoit bien distinctement. Je ne parlerai point des signaux peints selon leur projection, parce que ce n'est que dans les grandes opérations géodésiques qu'on en fait usage.

Ayant recueilli, tant par ces indications que par les rapprochemens des tours d'horizon et la connaissance détaillée des localités, tous les documens nécessaires à la formation du canevas trigonométrique, on en fait le projet, en ayant soin que les triangles aient la forme la plus convenable, et qu'ils se croisent le moins possible. Le plan de la triangulation étant arrêté, on fera planter les signaux.

La pratique a fait reconnaître que de petits

arbres bien droits auxquels on ôte les branches, et
dont les têtes sont en forme de cônes alongés, sont
de bons signaux qu'on aperçoit de loin.

A défaut de ces arbres, on se sert d'une perche
de quatre à cinq mètres de longueur, au haut de
laquelle on attache bien solidement du vieux linge
ou de la paille.

Ces signaux sont placés verticalement, enfoncés
en terre de plus d'un demi-mètre, et consolidés
par des pierres, et même, s'il est nécessaire, par
des étais, afin que le vent ne puisse pas les déranger de leur situation verticale.

Les signaux doivent s'étendre sur toute la surface
du terrain dont on veut faire le plan, et nous avons
déjà dit qu'il en fallait à peu près 9 ou 10 convenablement disposés pour 1000 arpens métriques.

Après avoir fait planter tous les signaux, on
cherche, dans l'intérieur de la commune, un terrain propre à mesurer une base. Cette base doit
être sur une surface la plus horizontale qu'il soit
possible de trouver, placée de la manière la mieux
disposée, et mesurée avec beaucoup de précision.

De la mesure de la base.

37. L'emplacement étant choisi sur la portion de
la plaine la plus unie, on tracera dessus un alignement avec des jalons bien droits (151), et l'on
prendra, sur cette ligne droite, pour extrémités
de la base, les points desquels on pourra apercevoir le plus de signaux.

Ces points étant fixés, on mesurera cette ligne avec la chaîne qu'on aura soin de faire tendre convenablement (5o). Il faut répéter ce mesurage plusieurs fois, et faire des divers résultats une somme qui, divisée par le nombre de fois que l'on aura mesuré, donnera la longueur de la base, d'après laquelle les calculs seront faits.

Comme l'exactitude des opérations trigonométriques dépend, en grande partie, de la mesure de la base, on ferait bien de faire le mesurage de cette ligne avec des règles de bois de sapin de la longueur de 5 à 6 mètres, posées horizontalement au moyen d'un niveau, que l'on met dessus, si cela est nécessaire. On obtiendrait évidemment plus de précision qu'avec la chaîne, qu'il est difficile de tendre toujours également.

Observation des angles.

38. Après avoir mesuré la base, on procède à l'observation des angles.

Quand on prend la valeur des angles pour établir les principaux points qui doivent servir à la construction d'un plan ou d'une carte, il faut avoir soin de marquer sur un registre, ainsi que sur le canevas que l'on a fait de la trigonométrie, le nom de l'objet sur lequel la lunette est dirigée, si déjà ce nom n'a pas été écrit, afin de pouvoir se reconnaître soi-même; en observant les angles de différens endroits.

Autant qu'il sera possible, on mesurera les trois angles de chaque triangle, et l'on évitera les réductions au centre.

On aura soin de lire plusieurs fois sur l'instrument le nombre de degrés et minutes que chaque angle contient, et d'examiner si l'instrument n'a pas été dérangé, avant de conclure de la valeur d'un angle.

Cette précaution est surtout nécessaire lorsque les localités ne permettent pas d'observer le troisième angle d'un triangle.

Il ne faut pas perdre de vue que l'instrument doit toujours être de niveau quand on observe un angle, et qu'on doit, à chaque station, s'assurer si les fils des lunettes se correspondent exactement, lorsque la ligne de mire de l'alidade est mise sur le zéro du limbe.

Si ces fils ne forment pas une même ligne verticale, on les y mettra au moyen de la clef destinée à cet usage.

Les clochers et autres objets auxquels le géomètre ne peut aller faire d'observations, à cause de la dépense de l'échafaudage qu'il serait obligé d'établir pour s'y placer avec l'instrument, seront observés au moins de trois stations; car si l'on n'avait que deux rayons, le point pourrait être mal placé sur la carte, parce qu'en lisant sur le limbe la valeur des angles, on peut commettre une erreur de laquelle on ne s'apercevrait pas, puisque le troisième angle du triangle n'est point observé;

mais le troisième rayon lèvera toute incertitude, car on pourra calculer un même côté par des données différentes.

Nous ferons remarquer qu'il est avantageux d'avoir de grands triangles bien déterminés, parce que leurs côtés fournissent les moyens de vérifier ceux des triangles intermédiaires.

On lit dans l'Encyclopédie méthodique :

« Il serait à désirer que l'on pût renfermer tout » un pays dans un seul triangle, et que ses côtés » servissent de premières bases aux suites des » triangles qui doivent fonder le canevas des po- » sitions. »

Exemple.

39. Supposons maintenant que la ligne AB est FIG. 14. celle qui a été choisie pour base de la triangulation que l'on veut faire, et que sa longueur a été trouvée, par un milieu entre plusieurs mesurages, de 5000 mètres.

A l'une des extrémités A, par exemple, on placera le graphomètre bien horizontalement, et, après s'être assuré que les fils des lunettes sont dans une même ligne verticale, on prendra successivement la valeur des angles formés par la base AB et par les signaux K, L, M; et l'on écrira au bout de chaque rayon visuel, ainsi que sur le registre d'observations, le nom de l'objet auquel on a dirigé la lunette mobile; enfin on cotera sur ce registre la valeur de chacun de ces angles.

9

On mettra la lunette fixe de l'instrument sur le
signal M, pour prendre l'ouverture de l'angle
compris entre M et C, et on écrira la valeur de
cet angle à la suite des premiers.

Comme le point D est déjà éloigné de l'alignement AM, on dirigera la lunette fixe du graphomètre sur le point C, pour observer les angles
formés par le rayon visuel AC, et par chacun des
objets D, R, G, F, H, B, et l'on écrira le valeur
de ces angles sur le registre à mesure qu'on les
connaîtra.

Tous les signaux et principaux points qu'on peut
apercevoir de l'endroit A étant ainsi observés, on
additionnera les plus grands angles obtenus sans
changer le diamètre de l'instrument, ou, ce qui
revient au même, on fera la somme des plus grands
angles formés sur les alignemens fixes, et on verra
si elle est égale à *quatre angles droits;* ainsi, dans
notre exemple, on examinera si les angles BAM,
CAM, CAB, forment ensemble 360 degrés.

Si cette somme différait, en plus ou en moins,
d'un ou de plusieurs degrés, il faudrait, sans hésiter, recommencer l'observation; mais si la différence n'était que d'un nombre de minutes égal à
celui des alignemens fixes, on pourrait s'en tenir à
la première observation (24); d'ailleurs, on doit
lire deux fois sur le limbe avant d'enregistrer la
valeur d'un angle. Après avoir fait cette vérification, on se transporte au point B, pour observer
les angles formés :

1° Par la base AB , et par chacun des objets C , D , R , F , G , H ;

2° Par le rayon visuel BH , et par les signaux I et K ;

3° Enfin, par le rayon visuel BK , et par les signaux LM , et l'alignement dirigé sur le point A.

A mesure qu'on connaîtra chacun de ces angles, on les écrira sur le registre.

Quand on aura observé, à chaque extrémité de la base , l'ouverture des angles formés par les rayons visuels dirigés sur les objets qu'on a vus de ces endroits, et fait la vérification des angles, on fera mettre des signaux aux points A et B , et on se transportera sur tous les points auxquels on a dirigé des rayons, et on y fera, de même qu'aux points A et B , des observations sur les signaux et autres objets d'alentour, et en ayant toujours soin d'écrire la valeur des angles à mesure qu'on les connaît. Par exemple, on pourra choisir le signal H, qu'on a observé des points A et B ; ensuite on se transportera au signal I , observé de la station H, et ainsi de suite.

A mesure qu'on observera le troisième angle d'un triangle, on examinera si la somme des trois angles vaut deux angles droits : cette somme peut différer de 3' sans qu'il y ait erreur dans les observations (24) ; cependant, il arrive souvent que cette différence est au-dessous de 3', et on la répartit ordinairement sur tous les angles lors du calcul des triangles.

Les signaux D' D" sont supposés tels qu'on n'a pu les apercevoir des points de station où l'on s'est porté; mais au point D' on a observé les angles BD'H, BD'I; ce qui est suffisant pour placer la position de ces signaux, si l'on a par la triangulation, comme on le suppose, les données nécessaires pour résoudre les triangles BIK, BLK, puisqu'alors il ne s'agira que de suivre le procédé indiqué au n° 28.

Lorsqu'on s'occupera du calcul pour savoir si le point B est intérieur ou extérieur, on comparera l'angle observé BD'H à l'angle connu BIH; si le premier est plus petit que le second, on résoudra le triangle ID'H par le premier cas du n° précité; si, au contraire, il est plus grand, on le résoudra par le second cas.

La figure 8 représente l'observation faite en D"; ainsi, on calculera les distances nécessaires pour déterminer le signal D" par le quatrième cas du même numéro.

40. Lorsque la triangulation est étendue, il faut, pour se prémunir contre les erreurs qui pourraient s'accumuler sur les derniers côtés d'un réseau trigonométrique, lier toute la triangulation à des bases de vérification, que l'on mesure avec toute la justesse possible.

Ces bases peuvent être prises vers le milieu et à l'extrémité de la chaîne, si la première base a été établie au commencement du réseau.

Les extrémités de ces bases auxiliaires étant cl-

les-mêmes des points de la triangulation, le calcul
donne la longueur de ces mêmes bases, et l'on voit
si la différence avec la mesure directe peut nuire à
l'exactitude des opérations; on recherche la cause
de cette différence si elle excède $\frac{1}{1000}$.

Par exemple, si l'on peut mesurer directement
la distance PQ, on verra, lors du calcul, si cette
mesure s'accorde, à un millième d'unité près, avec
cette même distance donnée par le calcul du triangle GPQ.

Le grand usage de ces opérations apprend à éviter, autant qu'il est possible, les petites erreurs
dont on vient de parler, soit en faisant choix des
triangles les plus équilatéraux, soit en rejetant les
triangles douteux, pour ne prendre que ceux dans
lesquels on a la certitude que la somme des trois
angles vaut deux angles droits, à deux ou trois minutes près.

41. On doit pressentir que tout ce travail ne
s'exécute pas sur le terrain sans rencontrer quelquefois des difficultés, qui viennent, le plus souvent, de ce qu'on ne peut pas lier son point d'observation aux autres points observés.

S'il fallait lier le point b à la suite des autres
triangles, et qu'on n'eût d'autres moyens, pour
cela, que de connaître les angles du triangle bHP,
dans lequel on suppose qu'on ne peut observer
ceux en H et en b, ni mesurer la longueur de la
ligne bP dont on a besoin, on pourrait opérer de

la manière suivante : Prolongez bP jusqu'à ce que
d'un point c on puisse apercevoir le signal H, et
mesurez l'angle HcP, ainsi que le prolongement
bc ; comme on suppose qu'on peut mesurer une
partie ab sur bP, et qu'il est possible d'observer
l'angle baH, on pourra résoudre le triangle acH.
Dans le triangle abH, on connaîtra aussi les données nécessaires pour déterminer les inconnus ;
on aura donc l'angle en b, et, par conséquent,
celui bHP ; donc, on calculera bP, puisque HP
est connu par les opérations précédentes.

Si cette pratique ne pouvait avoir lieu, on ferait
élever un signal à un endroit quelconque d; on ob-
serverait, au point P, les angles entre b et d et
entre b et H; puis au point d on prendrait la valeur
des angles entre b et H et entre H et P.

Ces angles et le côté HP étant connus, on trouvera d'abord dP, puis Pd dont on a besoin.

S'il était impossible d'apercevoir le point H, on
prendrait une base ef, qu'on mesurerait, et on
chercherait la longueur bP par le procédé du n° 26.

Par l'un quelconque de ces moyens, le point b
sera incontestablement lié aux autres triangles, et
on pourra se servir de cette nouvelle base pour
d'autres opérations.

Souvent on n'a d'autres moyens pour lier les
opérations trigonométriques d'une portion de terrain aux autres points déterminés, que d'y placer
différens signaux, dont on cherche la position avec
trois points connus, qu'on peut apercevoir : c'est

la pratique du n° 28. On a encore recours, dans
ce cas, à la règle du n° 31, qui peut être alors
d'une grande utilité.

Souvent encore on n'a d'autres ressources pour
lier ses opérations, que de conduire, dans la partie dont on veut continuer la trigonométrie, une
ligne dont on mesure l'angle avec un point connu;
de mesurer cette ligne bien exactement, et d'observer, de différens endroits de cette ligne, les
points qu'on veut déterminer; et lorsque l'on a
deux points placés dans cette partie, on continue
l'opération comme à l'ordinaire, si cela est possible.

Il arrive aussi fréquemment, surtout dans les
pays couverts, et qui présentent peu d'élévation,
que toutes les ressources du géomètre consistent à
placer un seul point au moyen de trois autres
connus; alors on prend un angle entre un des points
observés et une ligne qu'on mène dans la partie
qui manque de points; on mesure cette ligne, et
on opère comme il est dit ci-dessus.

Enfin, si cette partie était tellement plane et
couverte de bois qu'il fût impossible d'y continuer
la triangulation, on se bornerait, ainsi que nous
l'avons dit (6), à chaîner de grandes lignes, en
ayant soin de mesurer l'angle que l'une d'elles fait
avec un point donné, et l'on formerait, dans cette
partie, des polygones dont les côtés serviraient de
bases à l'arpenteur dans le levé des détails. Les
extrémités de ces lignes polygonales seraient mar-

quées par de forts piquets, pour qu'on pût les retrouver en faisant le parcellaire.

On voit suffisamment, d'après ce qui précède,
comment on doit se conduire, lorsqu'on observe
les angles, pour parvenir à dresser un canevas trigonométrique ; il ne reste plus qu'à indiquer la
manière de tenir note de l'opération faite à chaque
station.

Il y a des géomètres qui écrivent les degrés et
minutes entre les rayons visuels figurés ; mais
comme cette manière charge beaucoup le canevas,
il vaut mieux les écrire sur un tableau semblable à
celui qui suit.

Observation faite au centre, à l'extrémité A *de la base.*

			Tours d'horizon.
Entre l'extrémité B de la base et le	Signal K de Morte-Fontaine	24° 22' »	—
	Signal L de Notre-Dâme...	51° 24' »	
	Signal M du Tertre......	127° » »	
Entre le signal M et le pavillon C de Russy		98° 53' »	127° » »
			98° 53' »
Entre le pavillon de Russy et le	Signal D de Levigny......		134° 7' »
	Signal R de Confrecourt....		
	Donjon G de Falaise......		360° » »
	Clocher de Saint-Léger....		
	Signal H de Vandeuil......		
	Point B de la base........	134° 7' »	

Observation faite au centre, à l'extrémité B *de la base.*

Entre l'extrémité A de la base et..	Russy.................		
	Levigny...............		
	Confrecourt		
	Saint-Léger............		114° 3o' »
	Falaise...............		13o° 46' »
	Vandeuil..............	114° 3o' »	114° 42' »
Entre Vandeuil et...	Le Turier.'..'..........		
	Morte-Fontaine..........	13o° 46' »	359° 58' »
Entre Morte-Fontaine et.......,	Notre-Dame.......,....	82° 6' »	
	Le Tertre.............		
	Point A de la base........	114° 42' »	

Observation faite au point K, *à côté du centre.*

1re Position, entre L et B.

Entre L et....	A	27° 5' »	
	F	57° 47' »	
	B	85° 46' »	
Distance au centre, ou $r = 8^m$.	le centre ou y......	135° 27' »	

2e Position à l'Est, en dehors de l'alignement I K.

Entre B et......	H	18° 26' »	
	I	58° 3o' »	
$r = 9^m$.	le centre	91° » »	

La première position se rapporte à celle qui est faite au point D (33), entre les rayons centraux, et la seconde représente l'observation faite au point F, à droite du centre.

On continuera de la même manière l'enregistrement de toutes les opérations que l'on a faites sur le terrain, et lorsque toutes les observations et les mesures seront terminées, on s'occupera des calculs avant de quitter la commune, parce que, si l'on a commis quelques erreurs, on sera à même de vérifier ses opérations, et de rectifier de suite.

Calculs de triangulation.

42. On commence par former graphiquement le canevas de toute la triangulation; pour cela, on tire sur le papier une droite AB, à laquelle on donne autant de parties d'une échelle quelconque, celle de 1 à 10000, par exemple, que la base AB du terrain contient de mètres; et, choisissant le point L pour sommet du premier triangle, on fait avec un rapporteur les angles BAL, ABL, de la grandeur que ces angles sont enregistrés sur le registre, et on forme le triangle ABL par des lignes au crayon ou à l'encre.

Ce triangle étant construit, on considérera les côtés AL, BL, comme bases des nouveaux triangles ALM, BLK. Ainsi il ne s'agira que de chercher sur le registre la valeur des angles LAM, ALM, pour construire le triangle LBK, et ainsi de suite.

Pour avoir, par exemple, l'angle LBK, on voit à l'observation faite au point B, que cet angle est de 82° 6'. L'angle LAM se trouve à l'observation faite en A, où l'on voit qu'il est égal à 127°, moins 51° 24', c'est-à-dire que cet angle vaut 75° 36'.

C'est ainsi que, d'après l'enregistrement, on trouvera la valeur de chaque angle.

A mesure qu'on construit les triangles sur le papier, on a soin d'écrire à chaque sommet les noms des objets, et lorsque toute l'opération, ou une partie seulement est rapportée, on s'occupe des premiers calculs, c'est-à-dire, qu'on fait le calcul approximatif des côtés des triangles, en supposant toutes les observations faites au centre.

Par exemple, les trois angles du triangle ABL étant connus par les observations faites aux points A, B, L, ainsi que la base AB, on trouvera les côtés AL, BL (16).

Dans le triangle ALM, on connaît les trois angles qu'on a observés; on connaît aussi le côté AL qu'on vient de calculer : ainsi on déterminera la valeur des côtés AM, ML, par le même principe.

De même, dans le triangle BLK, on connaît les angles observés aux points B, L, et par l'opération précédente on a déterminé BL; on aura donc aussi BK, KL.

On peut résoudre le triangle ABM au moyen des observations faites aux points A, B, M, afin de s'assurer du côté AM, en examinant s'il se

trouve de la même longueur dans les deux opérations. On s'assurera de même s'il n'y a pas erreur
sur le côté BK, qu'on peut trouver au moyen des
triangles ABK, ou BLK, et ainsi des autres.

C'est ainsi qu'on vérifie toutes ses opérations à
mesure qu'on fait les calculs. (Il ne faut pas faire
cette vérification dans l'exemple que nous appor-
tons, parce que les angles ne sont que supposés.)
Ces vérifications sont d'autant plus essentielles sur
les triangles dont on a conclu un angle, que cet
angle, conclu des deux autres, pourrait rendre
douteux les côtés du triangle, s'ils n'étaient pas
vérifiés.

Toutes ces opérations arithmétiques étant ache-
vées, on fait un tableau de ces calculs dans la
forme de celui qui suit. Si l'on se donne la peine
de résoudre ces triangles, on trouvera les côtés
tels qu'on les voit écrits dans ce registre, en supposant les angles observés tels qu'ils y sont marqués.

REGISTRE DU CALCUL APPROXIMATIF DES COTÉS AVEC LA BASE AB = 5000ᵐ.

LETTRES INITIALES.	ANGLES.	TYPE DU CALCUL.		CÔTÉS EN MÈTRES.
A B L	51° 24' » 32 36 » 96 » » 180 » »	$log.$ AB = 3.69897 } $c. l. sin.$ L = 0.00238 } $l. sin.$ A = 9.89294. $l.$ BL = 3.59429.	.... 3.70135 $l. sin.$ B = 9.73140 $l.$ AL = 3.43275.	BL = 3929 AL. ... 2708, 6 AB... 5000. »
A L M	75 36 » 45 50 » 58 34 » 180 » »	$l.$ AL = 3.43275 } $c. l. sin.$ M = 0.06893 } $l. sin.$ A.... 9.98614, $l.$ AM... 3.48792.	.... 3.50168 $l. sin.$ L... 9.85571. $l.$ LM... 3.35739.	LM. ... 2277, 1 AM... 3075, 5 AL... 2708, 6
B L K	82 6 » 36 » » 61 54 » 180 » »	$l.$ BL... 3.59429 } $c. l. sin.$ K... 0.05447 } $l. sin.$ L... 9.76922 $l.$ BK... 3.41798.	.... 3.64876 $l. sin.$ B... 9.99586. $l.$ LK... 3.64462.	KL. ... 4412 » BK. .. 2618, 1

PARCELLAIRE.

77

Les calculs de chaque triangle se font de la même manière, et quand ils sont achevés, on s'occupe des réductions au centre.

Nous ne donnerons point d'exemples en nombres de celles qu'il faut faire dans cet exemple, parce qu'elles ne peuvent présenter aucunes difficultés, d'après ce que nous avons dit au n° 33 ; nous indiquerons seulement la marche sur un triangle, et nous observerons que, quand on construit le canevas de ces triangles avec le rapporteur, et qu'on veut réduire au centre les angles dont on a besoin, on a coutume de commencer par les plus grands angles sur les alignemens fixes, et on écrit leur valeur réduite dans une colonne intitulée : *Angles réduits.*

Dans le triangle ABK, il faudra réduire au centre l'angle K, et on voit dans le registre, à la première position de l'observation au point K, qu'il faudra soustraire l'angle AKL de l'angle BKL ; il faudra donc réduire au centre l'angle AKB.

On a, pour cela, l'angle observé près du point K, et que nous avons représenté, au n° 33, par O ; les côtés AK, BK, ou G, D, et l'angle à la direction $\overline{y} =$ l'angle observé entre A et L, plus celui observé entre L et le centre K.

Enfin, on a la distance au centre, ou r, supposée de 8ᵐ. dans le registre.

On connaîtra donc les deux angles sous la distance, et en les soustrayant de l'angle observé, on aura l'angle réduit au centre K ; ce qui est conforme au cas où l'observation est faite entre les rayons centraux **AK, BK.**

Lorsque les angles d'un triangle ont été réduits au centre, il est rare que leur somme soit égale à deux angles droits. Si la différence est de peu de chose, on la répartit sur les trois angles, à moins que l'on ait quelque raison pour la distribuer différemment.

43. Quand toutes les réductions au centre sont faites, on forme un nouvel état, dans lequel on voit les réductions successives qui ont eu lieu.

Ce registre d'ordre peut être rédigé dans la forme suivante :

LETTRES INITIALES.	ANGLES		
	AU CENTRE.	MOYENS.	
A	51° 24' »	51° 23' »	Les angles moyens sont ceux corrigés pour que la somme des trois angles fasse 180°.
B	32 36 »	32 35 »	
L	96 3 »	96 2 »	
	180 3 »	180 » »	
etc.	. . . .	. . . .	

44. L'enregistrement de tous les angles étant fait, on calcule de nouveau tous les côtés de la triangulation, en employant les angles moyens, et l'on porte tous ces côtés, ainsi que le détail du calcul, sur un nouveau tableau semblable au premier, et comme on le voit ci-contre.

LETTRES INITIALES.	ANGLES MOYENS.	TYPE DU CALCUL.	CÔTÉS EN MÈTRES.
A	51° 23ˡ »	$l.$ AB. . . . 3.69897 ⎫ $c. l. sin.$ L... 0.00242 ⎬ 3.70139	BL. . . . 3929, 1
B	32 35 »	$l. sin.$ A. . . 9.89284. . . $l. sin.$ B. . . 9.73121.	AL. . . . 2707, 7
L	96 2 »	$l.$ BL. . . . .3.59423. . . . $l.$ AL. . . . 3.43260.	AB. . . 5000. »
etc.	180 » »		

On enregistrera ainsi tous les angles moyens et les côtés de la triangulation, quelles que soient les méthodes que l'on a employées pour les obtenir ; ensuite on fera le calcul des distances à la méridienne et à la perpendiculaire du lieu : il est donc nécessaire de connaître cette méridienne, c'est-à-dire, l'angle que fait un côté de la triangulation avec la ligne du nord.

45. *Déterminer la direction d'une méridienne.*

Il y a plusieurs moyens de connaître cette ligne méridienne : le plus expéditif est d'employer la boussole, qui donne suffisamment d'exactitude.

On prendra un graphomètre garni d'une boussole ou d'un déclinatoire, et on se portera sur un des points de la trigonométrie, par exemple au point B.

Supposons que l'aiguille aimantée fasse, avec le signal H, un angle de 36° à l'ouest ; comme cette aiguille décline de ce côté, si nous admettons qu'à l'époque de l'observation cette déclinaison était de 22° (le bureau des longitudes la donne chaque année), l'angle nBH que fait la ligne du nord nB avec le côté BH, sera de 14°.

Par conséquent, on connaîtra l'angle ABn = 100° 30', en consultant le registre des observations.

46. *Rapporter tous les points d'une triangulation à la méridienne et à sa perpendiculaire.*

L'angle ABn étant de 100° 30', tracez sur le canevas une ligne nB, faisant avec AB un angle de

11

cette grandeur ;. puis, du point B, on mènera à
angles droits , sur nB, prolongé vers.s, une ligne
oe, qui sera la perpendiculaire. Il est facile de concevoir ces deux lignes passant par un point quelconque du canevas, et de déterminer les angles
qu'elles feraient avec un côté d'un triangle dont le
sommet serait à leur intersection, en consultant le
registre des observations ; mais comme nous les
avons placées au point B, nous supposerons que
cet endroit est le plus important du plan, et nous
rapporterons tous les autres points à ces deux lignes; c'est là ce qu'on appelle rapporter *au méridien du lieu*..

Cela posé, on imaginera par tous les points des
parallèles à la méridienne ns et à sa perpendiculaire
oe; alors , dans le triangle rectangle A Bc, on connaîtra l'hypothénuse AB et l'angle AB$c = 79°$ 30';
supplément de 100° 30'.; ce qui suffit pour calculer
les deux côtés Ac, Bc : le premier est la distance du
point A à la méridienne du point B, et le second,
qui est aussi égal à Ad, est la distance du même
point à sa perpendiculaire. Donc , au moyen de ces
deux lignes, on pourra déterminer exactement la
position du point A.

En faisant le calcul on trouvera A$c = 4916,4$ et
Bc, ou A$d = 911,2$.

Puisqu'on connaît l'angle ABs à la méridienne,
l'enregistrement des angles autour du point B fera
connaître ceux sBL, sBK,.... etc, que forment les
rayons BL, BK.... avec la même méridienne; donc

on pourra résoudre les triangles rectangles B*p*L,
B*f*K..., etc., et fixer la position de tous les points
L, K..., qui sont autour du point B.

En connaissant l'angle *s*BA on connaît aussi son
égal *n*AB, formé par la parallèle *ns* et par la base
AB; par conséquent, en consultant l'observation
faite au point A, on connaîtra les angles *n*AR,
*n*AF, formés par la parallèle *ns*, et les rayons AR,
AF; ce qui donnera le moyen de résoudre les triangles rectangles A*g*R, A*h*F, qui feront connaître les
distances à la méridienne et à sa perpendiculaire,
au moyen desquelles on déterminera la position
des points R et F.

L'angle *n*AR étant égal à l'angle AR*s*, formé par
AR et la parallèle passant par le point R, on trouvera tous les angles que font les rayons partant du
point R avec cette parallèle, en consultant l'observation faite en R; on pourra donc déterminer
les distances à la méridienne et à sa perpendiculaire, et fixer la position des points D et G. Les
distances à la méridienne sont *i*D, *k*G, et celles à
la perpendiculaire sont *i*R, *k*R.

On trouvera par des calculs absolument semblables, les distances G*l*, G*m*, *l*Q, *m*P,... qui serviront à fixer la position des points P, Q....

On voit qu'au moyen d'un seul angle observé
avec la méridienne, on parvient à connaître tous
ceux que font les rayons d'une station quelconque
avec la parallèle qui passe par ce point; et qu'on
peut déterminer les distances de tous les signaux à

la méridienne et à la perpendiculaire, en consultant les observations qu'on a faites à chacun de ces signaux, pour y déterminer la valeur des angles formés par la méridienne de ce lieu et par chacun des rayons visuels connus.

Les points D' et D" n'ont pu être aperçus lors des observations; mais le calcul ayant fait connaître les angles D'BH, D"BK, on connaîtra aussi nBD', sBD"....

Enfin, on met tous ces calculs dans un registre analogue au précédent, ou, ce qui est mieux encore pour l'ordre et la célérité, on fait en même temps les calculs des côtés définitifs et ceux des distances à la méridienne et à sa perpendiculaire; mais alors on détermine la ligne du nord avant de se livrer à cette opération.

Ce tableau peut être construit dans la forme de celui-ci :

Ayant ainsi toutes les distances rectangulaires, on pourra les rapporter aux deux lignes *hs*; *oē*, comme cela est prescrit par les règlemens du cadastre.

En effet, pour le point R, par exemple, on a la distance à la méridienne passant par le point B $= Ac - g$R, et la distance à la perpendiculaire passant par ce même point B $= AG - Ad = gd$; ainsi des autres.

47. Lorsqu'on connaît toutes ces distances à ces deux lignes magistrales, on les porte sur un registre dont le modèle est donné, en ayant soin, dans l'inscription des angles, de commencer par ceux adjacens à la base du triangle, et de mettre sur la ligne de chacun d'eux le côté qui lui est opposé.

Voici ce registre auquel on pourrait ajouter une colonne, pour y mettre l'angle que chaque côté fait avec la méridienne.

REGISTRE *présentant le résultat des opérations trigonométriques faites pour le levé du plan cadastral de la commune d*   *par M.*   *géomètre-arpenteur.*

TRIANGLES ET SOMMETS	ANGLES.		LIGNES TRIGONOMÉTRIQ.		DISTANCE du sommet des angles à la		ANGLES AVEC LA MÉRIDIENNE.	OBSERVATIONS.
	OBJETS FORMᵗˡᵉˢ LES SIGNAUX.	VALEURₐ	Côtés opposés.	Longueur en mètres.	Méridne du Lieu.	Perpre du Lieu.		
A	Extrémité Ouest de la base	51° 23' »	BL	3929,1	4916,4	911,2	133° 5' N.	
B	Extrémité Est de la base	32 35 »	AL	2707,7	0	0	130 53 N.	
L	Notre-Dame.	96 2 »	AB	5000,»	2915,5	2633.	79 30 S.	
		180 » »						

Etc.

ARPENTAGE

A la suite de ce registre, on met le canevas tri-gonométrique, que l'on intitule ainsi :

Canevas trigonométrique du plan de la commune de

à l'échelle de 1 à 50000.

(*On met ici le canevas représenté par la fig. 15*).

Dressé par le géomètre-arpenteur soussigné,
à   le   182

Le géomètre fait deux copies de ce registre et
du canevas, et il les adresse au géomètre en chef :
celui-ci peut exiger la communication du tableau,
où se trouvent tous les détails du calcul, qui lui
faciliteront la vérification qu'il doit en faire aussitôt que ces pièces lui sont parvenues.

Vérification de la trigonométrie.

Circre du 17
fév. 1824,
art. 11. 48. Le géomètre en chef se transporte dans la
commune, pour s'assurer que les opérations trigonométriques ont été faites avec soin.

Il mesure la base, et se porte successivement à
divers signaux, pour observer la valeur des angles
donnés par le registre des calculs; puis il rédige un
procès-verbal de son opération.

Ce procès-verbal, dont le modèle n'est pas donné,
peut être fait de cette manière :

*L'AN mil huit cent vingt......, nous géomètre en chef du cadastre
du département de   nous sommes transporté dans la
commune de   pour y vérifier les opérations trigonométriques.*

*Nous avons vérifié la longueur de la base, et nous avons reconnu
qu'elle avait été bien mesurée par le géomètre.*

*Nous avons ensuite procédé à la vérification des angles, et nous
avons consigné nos opérations, ainsi que le résultat de nos calculs,
dans le tableau suivant :*

LETTRES initiales.	ANGLES VÉRIFIÉS.			COTÉS CALCULÉS.				OBSERVATIONS.
	ANGLES MESURÉS PAR		DIFFÉRce.	CÔTÉS.	LONGUEURS		DIFFce.	
	LE GÉOMÈTRE Arpenteur.	LE GÉOMÈTRE en chef.			PORTÉES AU REGISTR.	calculées par le GÉOM. EN CH.		
ABK	24° 22' »	24° 22' »	» » »	BL	3929^m,1	3929^m,1	0^m »	
ABL	51 23 »	51 23 30"	» » »	AL	2707, 7	2707, 6	0, 1	
ABM	127 »	126 59 30	» » 30"	AB	5000. »	4999, 8	6, 2	
etc....								

Il résulte du présent procès-verbal que les différences que nous avons trouvées dans les observations et les calculs trigonométriques, ne peuvent causer aucune erreur sur la régularité du plan parcellaire.

En conséquence, nous concluons à ce que la triangulation de la commune de   soit admise.

Fait à   le   182

Le géomètre en chef,

Immédiatement après la clôture de ce procès-verbal, le géomètre en chef l'adresse, ainsi qu'une copie du registre et canevas des opérations trigonométriques, au directeur des contributions, et le géomètre-arpenteur peut alors commencer le parcellaire.

PARCELLAIRE,

OU LEVÉ DES DÉTAILS.

R. M., art. 112. 49. On peut se servir de divers instrumens pour les opérations de détails.

Les instructions sur le cadastre ne tolèrent que le graphomètre, la planchette avec son déclinatoire et son alidade, la boussole, l'équerre et la chaîne. Un graphomètre à pinnules et d'une petite dimension suffira toujours.

On se servira d'une équerre octogone ; elle est préférable à celle qui représente un cercle évidé.

Toutes les mesures sont prises avec la *chaîne*, et elles sont rapportées sur le plan au moyen d'une *échelle de proportion* ; qui est ordinairement en cuivre (voyez le n° 148), et d'un instrument qu'on nomme *rapporteur ;* cet instrument, qui est en cuivre ou en corne, sert à faire sur le papier des angles égaux à ceux qu'on a mesurés sur le terrain avec le graphomètre. On a aussi des équerres en bois pour élever sur le plan des perpendiculaires qui représentent celles qu'on a prises avec l'équerre.

La *chaîne* est fixée pour toute la France à un décamètre de longueur ; elle doit être divisée de mètre en mètre par des anneaux de cuivre ; celui du milieu doit être un peu plus grand que les autres, pour pouvoir compter plus facilement ; enfin, chaque mètre est encore divisé en deux parties égales par des anneaux un peu plus petits.

Vérification de la chaîne.

5o. La vérification de la chaîne se fait en mesurant, sur une surface bien plane, avec un mètre étalonné, la longueur de *dix mètres*. On tend la chaîne sur cette distance, et l'on voit si elle s'y rapporte, en ayant égard au petit excès donné pour sa courbure.

Cet excès vient de ce que, ne pouvant jamais tendre la chaîne rigoureusement en ligne droite, sans s'exposer à la rompre, on lui donne cinq millimètres de plus, ce qui, avec l'épaisseur de la fiche, compense la courbure que fait cette chaîne en la tendant sans effort.

Ainsi, en arrivant dans la commune, le géomètre-arpenteur doit tracer, le long d'un mur ou sur un terrain de niveau, la longueur d'un décamètre, pour y appliquer sa chaîne tous les jours, afin d'être constamment assuré de son exactitude; d'ailleurs, la chaîne est vérifiée par le géomètre en chef au moment du départ des arpenteurs pour la commune.

R. M., art. 115.

Il vérifie également les échelles de proportions qui doivent servir à la construction du plan.

Nous avons déjà vu comment on vérifie un graphomètre; il nous reste à faire connaître la manière de s'assurer de la justesse de l'alidade qui sert à la planchette, de celle de la boussole et de l'équerre.

La première chose que doit faire un arpenteur, c'est de vérifier ses instrumens avant d'en faire usage.

Vérification de l'alidade.

51. Pour vous assurer si une alidade est juste, allez dans la campagne, avec une tablette posée horizontalement sur un trépied, et sur laquelle vous enfoncerez deux aiguilles : appliquez votre alidade contre ces aiguilles, et faites mettre, à une certaine distance, des jalons dans les rayons, que vous dirigerez, des deux côtés, par les pinnules de cette alidade; ensuite, si vous la retournez et que vous l'appliquiez de nouveau entre les aiguilles, vous

apercevrez encore les deux jalons par les pinnules, si l'alidade est juste.

On a coutume de graver une échelle sur l'alidade; il faut être soigneux d'examiner si les pinnules sont assez hautes pour que l'on puisse viser sur les élévations et dans les enfoncemens : dans les pays très-montueux il est même nécessaire d'avoir une alidade à pinnules plongeantes, pour être à même de viser à tous les objets sans incliner la planchette; par ce moyen, les rayons que l'on trace sur cette tablette, mise de niveau, n'ont pas besoin de réduction. C'est là un des avantages de la planchette, dans les pays où le terrain présente de grandes inégalités.

Vérification de la boussole.

52. Pour vérifier la boussole, il faut la poser horizontalement sur son pied à l'extrémité d'une ligne droite, et remarquer le nombre de degrés que fait l'aiguille aimantée avec cette ligne; puis on ira à l'autre extrémité de cette droite pour y prendre, de la même manière, l'angle formé entre le jalon posé à la première station et l'aiguille aimantée; cet angle sera égal au supplément du premier si la boussole est bonne. Cela s'appelle orienter une ligne à ses deux extrémités; cette ligne doit être la plus longue possible.

La boussole est posée horizontalement quand l'aiguille aimantée est en équilibre sur son pivot, et que lés pointes arasent le limbe : et, en général, on connaît qu'une aiguille est bonne, quand elle varie long-temps avant de se fixer.

La vérification du *déclinatoire* se fait de la même manière. Cet instrument, qui n'est autre chose qu'une boîte rectangulaire, dans laquelle est une aiguille aimantée, sert à orienter la planchette toujours au même degré de déclinaison, et avertit celui qui opère des erreurs graves qu'il pourrait commettre : on verra son usage à l'article du lévé des plans avec la planchette.

Vérification d'une équerre.

53. Pour s'assurer qu'une équerre est juste, il faut, lorsqu'elle est posée sur son pied, qui doit être bien vertical (1), faire planter deux jalons, le plus loin de vous possible, dans l'alignement des deux rayons dirigés à travers les pinnules perpendiculaires. On tourne ensuite l'instrument jusqu'à ce que l'on voie le premier objet à travers les secondes pinnules; ensuite on regarde par les deux premières pinnules si on aperçoit le second objet.

Lorsque cette coïncidence aura lieu, les quatre pinnules seront bien posées, et l'instrument sera bon. Les équerres les plus justes sont celles dont

---

(1) Il est très-important, lorsqu'on travaille sur un terrain en pente, de redresser, à l'aide d'un fil à plomb, l'inclinaison de ce pied, dans la crainte qu'elle échappe à la vue.

une des pinnules est ouverte, et au milieu de laquelle se trouve un crin ou une lame de cuivre
très-mince.

Rapport des points trigonométriques qui doivent servir au levé du détail.

54. Le géomètre-arpenteur ayant gardé une copie du registre de ses calculs trigonométriques,
pourra, avec les élémens qu'il contient, orienter
son travail sur la ligne du *nord*, et placer sur le
papier, à mesure qu'il opérera, d'après l'échelle
que le géomètre en chef lui aura désignée, les
points des signaux tels qu'ils sont sur le terrain les
uns à l'égard des autres.

Il suffit, pour cela, de tirer une droite qui représente la méridienne; de marquer sur cette droite un
point qui indique l'objet par lequel la méridienne et la
perpendiculaire du canevas trigonométrique passent, et de prendre sur l'échelle les distances à la
perpendiculaire indiquées sur le registre, pour les
porter sur cette même ligne, à partir du point
qu'on y a placé.

Aux points où ces mesures finiront, on élèvera
des perpendiculaires auxquelles on donnera autant
de parties de l'échelle que le registre indiquera de
mesures pour les distances à la méridienne, et l'on
joindra ces points par des droites tracées au crayon.

Si l'on a bien opéré, ces droites contiendront
autant de parties de l'échelle que celles qu'elles

représentent au registre contiennent de mesures.

Remarque. Au lieu de tracer ces perpendiculaires à mesure que l'on opère, on peut former de suite des carrés de 250 mètres de côtés; alors, on voit, par les distances à la méridienne et à sa perpendiculaire, dans quel carré doit se trouver le point que l'on veut placer.

Par exemple, si la distance à la méridienne d'un point est de 3200 mètres, et celle à sa perpendiculaire de 1220 mètres, on élèvera dans ce carré, à 200ᵐ de la méridienne marquée 3000, une perpendiculaire à laquelle on donnera 220ᵐ de longueur; le point où la mesure finira sera celui qu'on veut placer.

On élève ces petites perpendiculaires assez exactement avec l'équerre en bois dont nous avons parlé, et qui est bien connue; mais cette équerre ne donnerait peut-être pas assez de précision pour tracer les carrés dont il est question ci-dessus, parce que les ouvriers ne les font pas toujours très-justes; d'ailleurs, une équerre qui le serait peut devenir défectueuse par le travail du bois. Pour plus d'exactitude, on opérera de la manière suivante pour élever une perpendiculaire à une ligne donnée.

FIG. 16. 55. *Élever une perpendiculaire à une ligne donnée* AB, *sans le secours de l'équerre.*

Portez une même ouverture de compas de C en D et de C en E; et des points D et E, avec une distance de compas plus grande que la première, décrivez des arcs qui se couperont en un point F; l'intersection de ces arcs sera un point de la perpendiculaire par lequel on mènera la droite CF. Pour assurer davantage son opération, on décrira, des mêmes points D et E, et avec la même ouverture de compas, deux autres arcs qui se couperont en un point G, et si l'on a bien opéré, les points F, C, G, seront en ligne droite.

On peut déterminer de cette manière plusieurs autres points qui seront tous dans la même direction, et alors on sera assuré que la perpendiculaire est bien élevée.

56. L'échelle dont on se sert pour rapporter les points trigonométriques sur le papier, et pour construire le détail du plan, est déterminée par les instructions. Cette échelle peut être de 1 à 5000, de 1 à 2500 ou de 1 à 1250, selon que le terrain est plus ou moins morcelé.

R. M.; 218 à 221.

La première échelle ne peut être employée que lorsque le terrain ne donne qu'une parcelle pour deux hectares.

La seconde est, en général, celle que l'on adopte lorsque les parcelles ne sont pas au-delà de quatre à cinq par arpent métrique.

A l'égard de celle de 1 à 1250, elle ne devient nécessaire que lorsqu'il y a plus de cinq parcelles par arpent. Elle est employée dans diverses portions de la commune, comme les villes, bourgs et villages.

13

L'échelle est déterminée par le préfet, d'après
la proposition du géomètre en chef et le rapport
du directeur; mais, pour les portions de territoire
qui pourraient exiger plus ou moins de développement, l'arpenteur peut choisir parmi les trois
échelles celle qui est la plus convenable, en prenant seulement l'autorisation du géomètre en chef.

LEVÉ DU DÉTAIL DU PLAN.

—

Avec le graphomètre et l'équerre.

57. L'art de lever un plan est celui de faire sur
le papier une figure semblable à celle du terrain
qu'on veut représenter. C'est la théorie des figures
semblables mise en pratique.

On appelle *triangles semblables* ceux qui ont les
angles égaux chacun à chacun, et les côtés homologues proportionnels, et l'on entend par côtés
homologues ceux qui ont la même position dans
ces figures, ou, ce qui revient au même, ceux qui
sont adjacens à des angles égaux, qui se nomment
aussi *angles homologues.*

Deux triangles qui ont les trois angles égaux ont
les côtés proportionnels, et par conséquent ils sont
semblables.

Deux triangles sont encore semblables lorsqu'ils
ont un angle égal compris entre côtés proportionnels; lorsqu'ils ont les côtés homologues propor-

tionnels , et lorsqu'ils ont les côtés perpendiculaires chacun à chacun.

Enfin , deux polygones sont semblables lorsqu'ils
ont les angles égaux chacun à chacun , et les côtés
homologues proportionnels.

On doit bien se pénétrer de ces premiers principes de la géométrie élémentaire , si l'on veut
opérer avec succès et avec certitude. (Voyez ci-
après l'article des *levés à la planchette* , où cette
théorie est suffisamment développée.)

58. Lorsqu'on fait le détail d'un plan au graphomètre ou tout autre instrument qui ne permet
point de faire le rapport de son travail à mesure
qu'on opère, on peut commencer ses opérations
avant d'avoir placé les points trigonométriques ,
qui ne sont alors indispensables qu'au moment où
l'on rapporte ses opérations; mais comme il est
prescrit de construire successivement sur les plans
le résultat des dimensions prises sur le terrain, et
qu'à cet égard le géomètre en chef doit prendre les
mesures nécessaires pour empêcher que les arpenteurs ne diffèrent ce rapport, et ne l'ajournent,
comme cela est arrivé quelquefois abusivement, R. M., 212.
jusqu'à la fin de leurs travaux dans la commune,
il vaut mieux commencer par placer ces points
trigonométriques sur le papier qui doit recevoir le
parcellaire. Les plans sont construits sur des feuilles de papier grand-aigle de bonne qualité, aux- R. M., 213.
quelles on ne doit ajouter de bande , quelque petite qu'elle soit.

Il n'est point nécessaire de placer de suite tous les points trigonométriques; il suffit d'avoir la position de ceux qui se trouvent dans la partie où l'on veut travailler.

Quel que soit l'instrument dont on se serve, lorsque ces points de vérification sont placés sur le papier, on s'occupe du détail compris entre eux; mais, au préalable, il convient qu'on connaisse la limite de la commune, à quoi on parviendra en la parcourant avec des indicateurs, et en consultant le procès-verbal de délimitation, et surtout le croquis figuratif.

Il n'est point nécessaire de la parcourir entièrement de suite, il suffit qu'on fasse cette reconnaissance à mesure qu'on opère.

Il arrive fréquemment qu'une commune n'est pas limitée dans toute sa circonscription par des tenans fixes, et que sa démarcation s'établit par une ligne qui traverse des propriétés, de manière à laisser un même champ dans deux communes; ou bien que la limite est formée par un très-petit ruisseau qu'il n'est pas toujours possible de reconnaître, soit parce que son lit change de place, soit parce qu'une grande sécheresse empêche l'eau d'y couler, et que par cette raison on ne peut assigner, dans ce temps, son véritable lit. Dans l'un comme dans l'autre cas, le géomètre-arpenteur qui se trouve avoir de pareilles limites avec une commune dont le parcellaire est déjà fait, doit prendre le calque de cette démarcation, avec les points de repères qui

peuvent servir à fixer la limite telle qu'elle a été
prise par le premier arpenteur, afin de ne point
faire d'omission ou de double emploi dans cette
partie des limites incertaines.

En rédigeant son tableau indicatif, le géomètre-
arpenteur aura soin de mettre en marge, et vis-à-
vis la propriété qui se trouve coupée par la limite,
*que ce numéro n'en est qu'une portion, et que le reste
sera porté sur le parcellaire de la commune de......*
Cette même annotation sera mise en marge du
bulletin qu'on envoie au propriétaire, pour prévenir la réclamation qu'il pourrait faire sur la contenance, s'il n'avait pas connaissance que sa propriété se trouve sur deux communes.

On peut commencer son opération à un point
quelconque du terrain; mais j'observe qu'il vaut
mieux choisir pour point de départ un de ceux qu'on
a déterminés par la triangulation. On a coutume de
commencer ces opérations à l'une des extrémités
de la base, parce que ces points sont ordinairement
accessibles et dégagés de toute erreur.

Je suppose d'abord l'arpenteur muni d'un graphomètre donnant les minutes de cinq en cinq, ce
qui est suffisant pour lever les détails d'un plan.

1° Si l'on choisit l'extrémité B de la base, on me- FIG. 17.
surera l'angle formé par le rayon visuel qu'on dirigera l'un au point C, et l'autre à quelqu'un des
objets dont la position sera connue, par exemple,
l'autre extrémité A de la base; on écrira la valeur
de cet angle dans l'ouverture ABC du canevas, ou

sur un registre particulier; on mesurera BC, et on écrira sa valeur le long de cette ligne, ou sur le registre.

Après avoir figuré tout ce qu'on a trouvé de B en C, de part et d'autre du chemin, on fera mettre un jalon à chacun des points I, B, C, D, K, et l'on posera l'instrument au point C, où l'on prendra la valeur des angles BCK, BCD, et l'on mesurera, par exemple, CD; en ayant soin d'arrêter aux différentes divisions que l'on rencontrera de part et d'autre; on écrira ces mesures comme ci-dessus, et on figurera le chemin et la naissance des divisions auxquelles on a arrêté les mesures.

Ces lignes doivent être mesurées sans interruption, et c'est lorsque la chaîne est tendue qu'on détermine, en passant, les mesures qui se trouvent entre les divisions. On laissera un jalon en C, et on en fera mettre un au point E (il est entendu qu'on fera mettre un jalon à tous les points sur lesquels on visera, et qu'on en laissera un à la dernière station), plus on prendra la valeur des angles CDE, CDF; on mesurera DE, ainsi que les divisions intermédiaires; on figurera les ponts qui traversent la rivière, et le tout sera écrit sur le canevas ou sur le registre.

Si l'on se décide à travailler vers le point F, on fera mesurer DF, et on cotera la distance trouvée, ainsi que toutes les mesures partielles, ou sur le registre ou sur le canevas que l'on fait de ses opérations.

Prenez ensuite la grandeur de l'angle DFG et
mesurez FG; mesurez également l'angle FGH, et
la distance GH; écrivez ces mesures où elles doivent l'être, et venez vous placer au point H pour
y prendre la valeur de l'angle GHI.

D'après les principes de la théorie, l'opération
pourrait se terminer ici, parce qu'on a tous les
élémens nécessaires pour construire le polygone
BCDFGHI; mais en opérant ainsi, on pourrait
s'être trompé dans la mesure des angles ou des lignes, sans qu'on s'en aperçût dans le premier rapport; on acquerra la preuve de son opération en
mesurant les côtés IH, IB, et la valeur de l'angle
HIB. Avec toutes ces mesures, on s'apercevra,
lors du rapport, si l'on s'est trompé dans la mesure
des angles ou des côtés, par l'impossibilité où l'on
se trouvera alors de fermer la figure.

On peut, avant de quitter le terrain, s'assurer
par une opération arithmétique, si l'on n'a point
commis d'erreur en prenant la valeur des angles,
car la géométrie nous démontre que la somme de
tous les angles intérieurs d'une figure rectiligne
quelconque , *contient autant de fois* 180 *degrés
qu'elle a de côtés moins deux;* ainsi, le polygone
BCDFGHI, ayant sept côtés, la somme de tous
ses angles intérieurs doit être 180° $\times$ 5 $=$ 900°. Si,
en faisant la preuve des angles, on trouve un ou
plusieurs degrés de différence, on les observera de
nouveau jusqu'à ce qu'on retrouve l'erreur, qui
provient souvent des lignes mal jalonnées; mais si

la différence n'est que d'un nombre de minutes
égal à cinq fois le nombre d'angles observés, on se
contentera de les reporter sur tous les angles ; car
telle précaution que l'on prenne, il est impossible
de les observer avec une précision mathématique ;
d'ailleurs, l'instrument ne donnant les minutes que
de 5 en 5, on ne peut espérer d'avoir la valeur de
l'angle qu'à 5 minutes près ; on peut cependant
approcher davantage. On pourrait aussi faire la
vérification des côtés par le calcul ; mais cela est
plutôt du ressort de l'arpentage que du levé des
plans.

Lorsque vous serez assuré qu'il n'a pas été commis d'erreur dans la mesure des angles que vous
avez observés, vous pouvez revenir au point C, et
suivre le chemin CKL....., et opérer de la même
manière sur toute la commune, en ayant toujours
soin d'écrire respectivement la valeur des angles
et des distances où elles doivent l'être, et de figurer, à mesure que vous avancerez, toutes les différentes choses que vous rencontrerez dans votre
route.

J'observe qu'il est nécessaire que l'arpenteur
laisse à chaque station un piquet qu'il fera enfon-
cer à fleur de terre, pour qu'il puisse le retrouver
s'il en a besoin.

2° Si, pour commencer vos opérations, vous
avez choisi sur le terrain un endroit dont la position ne soit pas encore connue, comme, par
exemple, l'endroit C, où les chemins BC, CK....,

se joignent, vous poserez un graphomètre à cet endroit, et si vous pouvez apercevoir trois points déterminés par la triangulation, vous aurez la position du point C par le problème du n° 28.

Mais si l'on ne pouvait en apercevoir que deux, tels que B et M, on mesurerait, si cela était possible, la distance de cet endroit C à chacun des objets B et M, ce qui donnerait évidemment la position du point C à l'égard de ces mêmes objets, puisque l'on connaîtrait les trois côtés du triangle BCM.

Si l'on ne pouvait mesurer que l'une de ces distances, on prendrait la valeur de l'angle BCM, et l'on calculerait le triangle par le procédé du n° 9.

Enfin, s'il n'était pas possible d'avoir la mesure directe de l'une de ces lignes, ni de mesurer aucun autre angle que celui du point C, on verrait si l'on ne pourrait pas déterminer l'une d'elles par le problème du n° 26.

Une fois le point C obtenu par l'un ou l'autre des procédés que l'on vient d'indiquer, il ne s'agira plus que de chercher la direction du chemin CD ou CK, à l'égard de quelques-uns des objets dont la position est connue. Prenez, par exemple, MCD; vous mesurerez ensuite la distance CD, et vous continuerez comme dans le premier cas pour avoir les différentes directions des chemins, etc.

Je crois cet exemple suffisant pour faire voir comment on doit s'y prendre pour former le canevas geométrique d'un plan ; mais j'observerai

14

que lorsqu'il n'est point possible de prendre pour
point de départ un de ceux déterminés par la
triangulation, on doit apporter beaucoup de soin
dans les opérations que l'on fait pour en déterminer un, parce que si ce point de départ était mal
placé par rapport à ceux du système trigonométrique qui ont servi à le déterminer, le travail que
l'on ferait en partant de ce point défectueux, ne
se lierait évidemment pas avec les points trigonométriques. C'est pourquoi j'ai dit qu'il fallait déterminer le point C par les méthodes du calcul.
L'opération graphique indiquée à la remarque du
n° 28, ne doit être employée que dans les opérations purement de détail ou du dernier ordre.

Remarque. Quand un chemin se trouve coupé
ou aboutir à d'autres chemins, fossés, etc., il faut,
ainsi que nous l'avons déjà dit, s'arrêter à chacun
de ces objets en mesurant, et de plus on détermine
leurs directions avec l'instrument.

En s'arrêtant ainsi aux différens chemins coupés,
on a soin de tirer des rayons sur les objets qui se
trouvent aux environs de la station que l'on fait,
et on écrit le nom de ces objets sur les rayons qui
leur appartiennent, afin d'éviter de prendre un
point pour un autre, en déterminant leur position
par de nouveaux rayons dirigés des autres stations.
Cette précaution a déjà été recommandée pour les
opérations trigonométriques.

Cette opération, ou *tableau itinéraire,* étant rapportée sur le papier sur lequel se trouve tracée la

triangulation (on verra ci-après comment on fait ce rapport), doit se lier avec tous les points de cette trigonométrie, de manière à n'avoir que des différences insensibles, c'est-à-dire, qui ne puissent pas nuire à l'exactitude du travail.

59. **Les points trigonométriques étant invariables, toutes les opérations subséquentes doivent y être subordonnées**; et l'on dit en pratique *que le détail doit céder à la triangulation.* En effet, le travail du détail étant fait avec la chaîne, ne peut jamais être aussi juste que celui de la trigonométrie, à cause des coteaux, des haies, fossés...; qu'on est souvent obligé de traverser, malgré toutes les précautions que l'on peut prendre, soit dans la mesure des angles, ou en tenant la chaîne le plus horizontalement possible.

Les opérations du détail doivent donc être assujetties aux points trigonométriques, c'est-à-dire, qu'on doit diminuer ou augmenter les mesures du détail jusqu'à ce qu'elles coïncident avec la triangulation : on ne peut guères prescrire de règles à cet égard; l'intelligence de celui qui opère doit y suppléer.

60. Lorsque la triangulation et le tableau itinéraire sont en harmonie, on s'occupe du parcellaire, c'est-à-dire, du mesurage des terrains présentant une même nature de culture, et appartenant à un même propriétaire; *telle est la définition de la parcelle.*

On prend pour bases les lignes les plus longues,

qu'on dresse bien exactement avec des jalons, et qu'on rattache au canevas *itinéraire ;* ou bien l'on prend une des lignes mêmes de ce canevas.

On élève sur ces bases, avec le graphomètre mis à angle droit, ou plus simplement avec l'équerre, des perpendiculaires aux sinuosités voisines , et lorsqu'on est certain que tous les alignemens sont bons , par la vérification qu'on en fait, on passe au détail de toutes les figures qui composent les différens cantons.

Il existe, à ce sujet, plusieurs manières d'opérer, qui conduisent toutes également à de bons résultats. Il en est cependant qui méritent la préférence. Mais, quelle que soit celle que l'on emploie, il faudra apporter beaucoup de précision dans toutes les opérations du travail, si l'on veut n'avoir que des différences tolérables. D'ailleurs , les chaîneurs qu'on emploie doivent être intelligens, parce que c'est du chaînage et de la manière de placer les jalons que dépend, en grande partie, la justesse du plan.

Supposons qu'il faille faire le mesurage de chaque propriété de la commune, ou de la portion de commune représentée par la figure 17, dont on a fait le plan *itinéraire.*

FIG. 17. On pourra se placer au point D, et prolonger l'alignement DF jusqu'au bord de la rivière en N; on mesurera sur cette ligne DN, tracée exactement avec des jalons bien droits, jusqu'à l'endroit où il faut élever la perpendiculaire *ik*, ensuite jusqu'à la seconde *lm*, de là à la troisième,.. etc., et on prendra également la mesure de ces perpendiculaires, et le tout sera figuré sur le canevas ou sur le registre.

Étant arrivé au point N, je fais un angle quelconque FNO (l'angle droit est préférable quand cela est possible), et je trace avec des jalons la ligne ON. J'avance sur cette ligne en mesurant et en arrêtant à toutes les divisions que je rencontre.

Lorsque j'arrive à la perpendiculaire que j'élève au point *n*, je la prolonge, s'il est possible, jusqu'au chemin en Q, et quand je suis au point *t* j'élève sur l'alignement NO une perpendiculaire, que je prolonge aussi, si je le puis, jusqu'à la limite en R, et je prends note du nombre de mètres que le mesurage me donne à l'intersection de cette perpendiculaire avec la ligne OO'.

Dans tout le cours de ces mesures, j'arrête aux différentes divisions que je rencontre, et j'élève sur ces lignes de constructions des perpendiculaires à gauche et à droite, pour déterminer les points qui n'en sont pas éloignés. J'élève aussi en passant une perpendiculaire sur le point A de la base : si ce point trigonométrique, ou tout autre, était éloigné de l'alignement ON, on y enverrait des rayons de différens endroits de cet alignement, afin de lier ce point au système *linéaire*, qui est lui-même rattaché au plan *itinéraire*.

En faisant les lignes de constructions, on pourrait faire des opérations qui se vérifieraient mutuellement; mais comme cela serait très-long, il vaut

mieux mesurer deux fois ces lignes de constructions, la première fois sans s'arrêter, et la seconde
fois on cote toutes les distances qu'il y a entre les
différentes divisions qui se trouvent sur ces lignes.
Les deux mesurages doivent s'accorder à un mètre
sur cinq cents. S'il en était autrement, il faudrait
voir d'où peut provenir l'erreur.

Ayant ainsi tracé et mesuré des lignes dans le
polygone itinéraire, et laissé des piquets sur ces
lignes pour pouvoir les rétablir au besoin, on procède au détail, en ayant soin de partir chaque fois
d'un point déterminé.

Je n'entrerai point dans le détail des différens
moyens qu'on peut employer pour déterminer les
points des parcelles qu'on veut mettre sur le plan,
parce que mon intention est seulement d'indiquer
les précautions qu'on doit prendre avant de procéder au mesurage de chaque propriété particulière; d'ailleurs, on sait (58) que tout se réduit à
la théorie des figures semblables, quel que soit
l'instrument dont on fasse usage.

Je suppose qu'on commence par le petit canton
KCBz, dont les extrémités K, C, z, se trouvent
déterminées par les opérations précédentes.

En mesurant sur CK, on a dû coter toutes les
divisions qui se trouvent sur cette ligne; il en est
de même de CB; ainsi, il reste à mesurer les distances entre chacune des divisions qui aboutissent
sur zK. On mènera une droite KB qu'on mesurera,
ainsi que les perpendiculaires qui sont entre cette

droite et le chemin. On arrêtera à toutes les divisions, et on figurera le chemin, dont la longueur
sera également mesurée : enfin, on parcourra le
dessous du chemin avec la chaîne, pour déterminer
les différentes divisions qu'on n'a pu obtenir en
mesurant sur BK, parce qu'on en était trop éloigné,
et qu'il aurait été plus long et moins juste de les
obtenir par des perpendiculaires, ou par des rayons
quelconques dirigés à ces points.

Toutes ces mesures étant prises, on tirera les
lignes *ab, cd...,* etc., qui détermineront les différentes parcelles de ce canton.

Il reste encore à mesurer les quatre parcelles
renfermées dans le polygone *dChe;* on a déjà les
points *d,* C, *g, h.,* par les opérations précédentes,
ainsi il suffit de porter la chaîne sur *c,* pour avoir
les distances *df, ef,* et de tracer sur le canevas les
droites *eh, fg.*

La théorie des figures semblables donne plusieurs
procédés pour obtenir la figure de ces parcelles,
mais celui que nous venons d'indiquer doit avoir
la préférence dans la pratique.

Passant au canton M, le point L se trouve fixé
par les opérations précédentes, et les parcelles 1 à
7 sont déterminées par les opérations indiquées
dans ces figures.

Étant au point *n,* et ayant obtenu *on,* on a pris
la valeur de l'angle *ons* pour éviter une perpendiculaire trop longue, et l'on a mesuré *ns.* De même,
étant au point *t,* comme la direction *sL* se trouve

déterminée, on mesure *ut* pour fixer le point *u*, et on a mesuré *uv* en observant l'angle.

On voit bien qu'il n'a pas été nécessaire d'arrêter à la division du n° 6, parce que cette division étant droite, elle se trouve fixée par ses extrémités *v* et *p*.

Ces parcelles étant levées, on passe à celles qui sont contiguës, en s'appuyant toujours sur des lignes d'opérations; et ainsi de suite.

Lorsque le polygone *itinéraire* M, sera entièrement parcellé, on passera au suivant.

On pourra prolonger la ligne droite *s*L jusqu'en S, en ayant soin de mesurer l'angle OLS, et élever vers le milieu une perpendiculaire UT. Ce polygone étant achevé, on se portera sur celui qui lui est contigu : on peut prendre, par exemple, GF pour base, élever la perpendiculaire VX, et une autre Y*y*'; et comme au point *y*' on suppose qu'un obstacle empêche de continuer ce dernier alignement, on se détournera, par exemple, vers D, et on mesurera l'angle D*y*'Y, et quand on sera sur le chemin CD, on mesurera la distance du point D à celui où cet alignement tombe sur ce chemin, pour voir, lors du rapport, si elle s'accorde avec le plan itinéraire. (Cette dernière remarque s'applique à tous les cas semblables, comme UI, S*s*'....., etc.)

C'est ainsi qu'en coordonnant les opérations sur toute la commune, on parvient à faire un bon plan d'ensemble, et ces opérations non-seulement servent continuellement de guide dans les détails du parcellaire, en avertissant lorsqu'on s'est trompé, soit dans les mesures des distances ou dans les angles, mais encore on peut par leur secours retrouver ces erreurs plus promptement, les rectifier facilement, et empêcher qu'elles ne se continuent.

61. *Remarque.* Il ne faut jamais perdre de vue que toutes les mesures doivent être prises horizontalement, et que lorsque le terrain est très-montueux, ce n'est pas sans difficulté que l'on parvient à lier ses opérations. Pour diminuer les différences qui peuvent résulter de ces difficultés, et même pour les rendre insensibles dans la pratique, il faut, s'il n'y a pas de points trigonométriques dans la partie où l'on opère, en déterminer par le concours d'une base et de deux angles seulement, observés avec le graphomètre à pinnules, et lier les alignemens avec ces points. Par ce moyen, on rectifie le mesurage des lignes dans des terrains très-inclinés à l'horizon.

Quand on lève le plan d'un village contenant beaucoup de détails, il faut avoir soin de donner à son canevas une proportion assez grande pour que tous les objets puissent être mis à leur place, afin que, lors du rapport, on ne se trouve point embarrassé par la confusion qui y régnerait nécessairement si la proportion était trop petite.

62. Tels sont les moyens qu'on peut employer pour lever les détails d'un plan, lorsque le pays est découvert, et qu'il permet d'apercevoir suffisamment de points trigonométriques; mais, si le ter-

15

rain sur lequel on opère était tel qu'on ne pût voir ces objets que de quelques points autres que ceux de stations, comme cela arrive dans plusieurs parties de la France, où le pays est tellement boisé et fourré, qu'il résiste quelquefois à l'intelligence du trigonomètre, on tracerait dans l'intérieur de la commune plusieurs lignes droites ou brisées, pour en tenir l'ensemble, et ces lignes, qu'on mesurerait deux fois en sens contraire, seraient rattachées à la triangulation qu'on aurait pu faire dans l'étendue de la commune.

Sur ce premier assemblage de lignes, on construira un tableau que je nomme *linéaire,* présentant des polygones de 100 à 150 hectares, et qu'on aura soin de fermer tant avec les lignes géométriques qu'avec les rayons trigonométriques. Sur les côtés de ces polygones, on indique toutes les différentes divisions qu'on a trouvées en mesurant, et ces lignes de constructions servent de bases au levé du détail, lequel se trouve assuré par ces opérations préliminaires. Il n'est pas nécessaire de faire de suite tout son canevas d'assemblage ou plan linéaire, pour revenir ensuite au détail; on peut, et cela est même plus expéditif, après avoir tracé les grandes lignes de constructions, former les polygones à mesure qu'on opère, c'est-à-dire, qu'aussitôt qu'un arpenteur a fermé un polygone, il peut en remplir les détails avant de former le second polygone, et ainsi de suite.

Pour commencer ces détails, on aura soin de

s'appuyer sur un des côtés du polygone, afin que ce second travail se trouve rattaché au premier, et que tout soit homologue au terrain.

Enfin, ce polygone étant achevé, on passera au second, puis au troisième, au quatrième,....... etc.

Sur les principales lignes tracées sur le terrain, on mettra à peu près de 500 mètres en 500 mètres des piquets qui serviront *de repères* : ces lignes seront ponctuées en rouge sur la minute du plan, et les piquets indiqués sur ces lignes le seront par un très-petit cercle; les distances entre ces cercles seront aussi cotées en rouge.

63. On voit par tout ce qui précède qu'une des opérations essentielles du levé des détails d'un plan, est le tracé des lignes pour former le tableau linéaire, et l'on doit pressentir que ce n'est pas toujours sans quelques difficultés que l'on parvient à les tracer aussi longues qu'on le désire, à cause des divers obstacles que l'on peut rencontrer.

La trigonométrie donne plusieurs procédés pour continuer une ligne malgré les obstacles, tels que les bois, bâtimens,..... etc.; mais il faut apporter tant de précision pour obtenir les points de l'alignement qu'on veut prolonger, que je ne conseille point d'en faire usage.

Pour plus de sûreté, il vaut mieux, lorsque l'obstacle n'est qu'un arbre, comme cela arrive le plus ordinairement, reculer à gauche ou à droite, trois jalons à une petite distance, un demi-mètre par exemple, et continuer sur ces nouveaux jalons; à la rigueur, il suffirait d'en reculer deux ; mais un troisième rectifie, et empêche de mener une ligne non parallèle à la première.

Lorsqu'on n'aura pas une entière certitude de la précision de l'opération que l'on vient d'indiquer pour continuer un alignement, il faudra prendre une autre direction, en s'écartant le moins possible de la première, et observer l'angle compris entre ces deux alignemens ; c'est là ce que j'appelle *lignes brisées.*

Boussole.

64. Les instructions du cadastre mettent la boussole au nombre des instrumens avec lesquels les géomètres-arpenteurs peuvent faire le parcellaire.

Cette méthode de lever les plans est plus expéditive que celle du graphomètre, surtout pour lever les contours des propriétés, les sinuosités des chemins et rivières, et généralement tous les détails minutieux qu'on rencontre dans les villages ; mais j'observe que la moindre chose peut faire varier l'aiguille dans sa direction sans qu'on s'en aperçoive (1), et que l'agitation de cette même

---

(1) Toutes les matières ferrugineuses dérangent l'aiguille de sa déclinaison naturelle ; on a même remarqué que, dans certains temps, on fait varier cette aiguille de plusieurs degrés en passant sur le verre qui la couvre une règle, un crayon, et même du papier. Voyez la 2ᵉ note du nᵒ 74.

aiguille sur son pivot ne permet pas d'observer les angles à plus d'un quart de degré près, et souvent même à un demi-degré, quand il fait du vent. Néanmoins je vais indiquer comment on peut s'y prendre pour opérer avec cet instrument.

Lever les détails d'un plan avec la boussole.

65. La méthode est à peu près la même qu'avec le graphomètre. On commence également par faire le tableau itinéraire d'après les points de la triangulation; lorsque le point de départ n'est point connu, on le détermine avec la boussole d'une manière plus prompte qu'avec le graphomètre; mais aussi la position de ce point doit être moins exacte. Nous allons supposer le cas où le point de départ n'est pas déterminé, parce que c'est là un des grands avantages de la boussole de pouvoir se placer au premier endroit où l'on aperçoit deux points déjà placés, ce qui se trouve toujours dans le détail du parcellaire.

Supposons donc que l'on choisit le point C, FIG. 17. d'où l'on aperçoit les points trigonométriques B et M.

Placez une boussole horizontalement au point C; dirigéz sa visière sur le point B, et examinez le nombre de degrés qu'il y a entre la direction CB et la flèche de l'aiguille aimantée; tirez une petite ligne sur le papier pour représenter cette aiguille, et écrivez dans l'angle formé par cette flèche et le rayon CB, le nombre de degrés que vous avez trouvés sur le limbe de la boussole.

Dirigez ensuite la visière, de cet instrument sur la point M, et cotez sur le canevas ou *calepin* le nombre de degrés compris entre la même aiguille aimantée et le rayon visuel CM.

Au moyen de cette opération fort simple, le point C se trouve déterminé ; mais il vaut mieux, dans la pratique, avoir une autre observation sur un troisième point connu P, parce qu'alors on voit, lors du rapport, si les trois droites qui partent de ces points connus se coupent au même point : cela s'entendra mieux au n° 93, où l'on traite du rapport des plans levés avec la boussole.

Avant de quitter le point C, dirigez encore la visière de la boussole successivement sur les points K, D, et cotez sur le canevas le nombre de degrés compris entre chacun de ces objets et l'aiguille aimantée. Ces opérations faites, on se portera, par exemple, au point D en faisant mesurer CD, et, après avoir écrit sur son figuré, le long de CD, le nombre de mètres que l'on a trouvés, avec tout ce qu'on aura arrêté de part et d'autre de ce chemin, on s'établira à ce point D ; on visera successivement sur DF et sur ED, et lorsque l'aiguille sera en repos, on examinera le nombre de degrés compris entre chacun des points F et E de cette aiguille, pour les écrire sur le calepin comme ci-dessus : on fera mesurer DE, DF, et ayant écrit sur ces lignes le nombre de mètres que chacun contient, on fera une nouvelle station en F pour viser sur G.

L'observation au point F étant faite, figurée et cotée sur le calepin, on fera mesurer FG, et on écrira sa valeur sur son correspondant au canevas, et on continuera de même jusqu'au point I.

Ensuite, si l'on veut suivre le chemin CKL, comme on a déjà observé l'angle que fait l'aiguille avec la direction CK, il suffit de mesurer cette dernière ligne, et d'écrire le nombre de mètres sur le calepin.

En continuant de la même manière de faire des stations à tous les coudes des chemins, on aura de quoi construire le plan itinéraire. On déterminera les sinuosités de la rivière en faisant pareillement des stations à tous ses principaux coudes, et en mesurant leurs distances entre elles en allant d'une station à l'autre.

66. Les méridiens magnétiques pouvant être regardés comme parallèles dans un petit espace, il n'est pas absolument nécessaire de faire des stations au sommet de chaque angle de la figure qu'on me- FIG. 17. sure : par exemple, en partant du point C, on aurait pu aller tout de suite aux points E et F, observer les angles sED, sFD, qui équivalent évidemment, savoir, le premier à l'angle sDE, et le second à l'angle nDF, qu'on aurait observés au point D.

Lorsque le canevas est très-compliqué, au lieu d'écrire la valeur des angles et les distances entre les stations successives sur le canevas même, on a coutume de mettre toutes ces mesures sur un petit

registre , où , par des titres et par des lettres de
renvoi, on indique à quelle partie elles appartiennent.

67. *Remarque.* Quoiqu'il ne soit pas possible
d'avoir la valeur des angles avec précision en employant la boussole, on peut néanmoins se servir
de cet instrument pour lever les détails d'un plan
parcellaire, après toutefois qu'on aura fait l'assemblage linéaire, et formé des polygones d'environ
quatre-vingts à cent arpens métriques, parce qu'a-
lors les alignemens étant petits pour arriver aux lignes de construction, l'erreur que donne souvent
cet instrument serait insensible à l'échelle de 1 à
2500. D'ailleurs, il est incontestable qu'on fait plus
de travail avec la boussole qu'avec tout autre instrument, puisqu'on peut se dispenser de faire des
stations à tous les sommets, et les erreurs de l'aiguille ne se propagent point lors du rapport.

Passons à la planchette ; c'est l'instrument dont
on se sert le plus ordinairement pour lever les détails d'un plan.

Des levés à la planchette.

68. J'ai rencontré des personnes qui pensent que
la planchette ne donne pas assez de précision pour
être employée aux levés des plans ; je conviens que
si l'on aspirait à une grande exactitude dans la mesure des surfaces, il ne faudrait pas en faire usage,
parce qu'avec cet instrument les contenances se

déduisent des opérations graphiques ; si l'on voulait se donnér la peine de faire les calculs nécessaires, le graphomètre serait sans contredit préférable ; mais quel est l'arpenteur qui voudrait s'astreindre à tant de calculs ; surtout lorsque le plan contient beaucoup de détails ? Il faut donc avoir recours au rapporteur pour construire son plan, et je pense qu'alors l'avantage qu'on obtient d'abord en levant avec le graphomètre, se perd, et peut-être au-delà, par le rapport, surtout dans les pays couverts et peuplés d'habitations.

Malgré plusieurs de ces défauts (qui sont la difficulté du transport, le dérangement par le vent, le papier qu'il faut y assujettir, le retrait de ce papier causé par les différentes températures et la moindre pluie qui empêche de travailler) (1), la

_____

(1) On peut remédier à ces trois derniers inconvéniens en travaillant sur la planchette même que l'on fait vernir. Quand elle est remplie de parcellaire, on en fait un calque qu'on pique sur le papier qui doit servir de minute.

Ensuite on enlève tous les traits au crayon qui sont sur la planchette, en la frottant avec de l'eau de blanc d'Espagne, et l'on continue ses opérations sur cette planchette dégagée du premier travail.

Quand le verni n'est plus assez fort, ce qui a lieu après l'avoir remplie cinq ou six fois, on la fait revernir de nouveau, et ainsi de suite. On remarquera sans doute que cette manière d'opérer exige beaucoup de soin dans la copie du calque qu'on est obligé de faire ; mais je ne vois pas de moyen de remédier à cet inconvénient, qui, d'ailleurs, ne balance pas les autres

planchette aura toujours beaucoup de partisans, et l'expérience démontre suffisamment qu'on peut l'employer avec succès pour faire les détails d'un plan; elle a d'ailleurs, dans ces sortes d'opérations, un avantage sur le graphomètre et tout autre instrument analogue, en ce qu'on peut vérifier son travail sur le terrain, chaque fois qu'on aperçoit un objet déjà placé sur la planchette, parce qu'avec cette instrument on rapporte toutes les opérations à la vue même des objets que l'on veut représenter.

Il est incontestable que le terrain sera mieux figuré que quand on se borne à coter les mesures sur un canevas, pour les assembler chez soi; à moins d'écrire jusqu'à des détails très-minutieux, ou d'en charger sa mémoire, on est exposé à négliger beaucoup de choses à la vérité du plan.

Si le plan qu'on veut construire est d'une petite étendue, cent arpens par exemple, on peut procéder au levé de ce plan sans opérations préalables; mais s'il s'agit du détail d'une commune, il est indispensable d'assurer les principaux points par une trigonométrie, et de faire le plan *linéaire* comme on l'a enseigné à l'article du graphomètre.

Avant d'indiquer la manière dont on lève un plan avec la planchette, je ferai observer que la forme

defauts dont on a parlé plus haut. On a essayé de travailler sur une toile cirée, ce qui est plus facile à rapporter, puisqu'on peut piquer; mais l'inconvénient du retrait y existe toujours.

de cette tablette est arbitraire, et dépend de celui qui en fait usage ; les uns préfèrent celles à chassis et à cylindre, et d'autres ne veulent qu'une planche unie sur laquelle on fixe un papier.

Pour que les dessins minutes se conservent plus long-temps, et n'éprouvent aucune détérioration pendant le travail sur le terrain, on pourrait coller son papier sur de la toile bien fine ou sur de la mousseline. La construction du genou de la planchette doit être telle que les mouvemens lents et doux que doit avoir cette tablette, ne la dérangent point de sa position horizontale, pendant que l'on travaille dessus Les genoux à coquille, comme ceux des graphomètres, ne doivent pas servir à la planchette, parce qu'ils ont l'inconvénient de laisser rabattre cet instrument quand le vent le fait remuer, et que la vis n'est pas assez serrée.

Enfin, la planchette doit être travaillée de manière à ne point se corrompre et se courber par l'effet des diverses températures.

Maintenant, commencons par la construction d'un plan de peu de surface.

Pour résoudre cette question, on peut ne point faire usage du déclinatoire, parce qu'il devient inutile dans une opération aussi simple.

Muni de ma planchette, sur laquelle j'ai assujetti un papier, de mon alidade, de ma chaîne, d'un crayon et de mon compas, je me transporte sur le terrain, accompagné de mes portes-chaîne ; j'examine la figure, et je décide de me placer en A. FIG. 18.

Je pose la planchette horizontalement à ce point
A , et je fais mettre un jalon aux points B et F;
puis je mets sur ma tablette un point *a ,* de
manière qu'il corresponde à son homologue A
du terrain , lorsqu'elle est à peu près orientée :
l'œil et l'habitude font faire promptement cette
petite opération, et dispensent d'avoir recours au
compas d'épaisseur, que quelques auteurs conseil-
lent d'employer pour faire coïncider le point du
papier avec celui du terrain.

Cette disposition étant faite , je dirige mon alidade sur le jalon B , je mène au crayon la ligne *ab,*
sans déranger ma planchette , je dirige un autre
rayon sur F, et je mène *af* au crayon.

Enfin, je fais mesurer AF, AB , et je donne aux
rayons *ab, af,* autant de parties de mon échelle
que j'ai trouvé de mesures à leurs homologues.

Par ce moyen, j'ai sur ma planchette les points
a, b, f, en harmonie avec ceux du terrain , car les
triangles AFB, *afb,* sont semblables, comme ayant
un angle égal compris entre côtés proportionnels.

Je pose l'instrument au point B (1), je l'arrange
de manière que le point *b* réponde à son homologue B : j'applique l'alidade sur la ligne au crayon
ab (2), que j'ai eu soin de prolonger; j'oriente ma

___

(1) En mesurant AB, j'ai suivi mes portes-chaîne, et laissé
un jalon en A.

(2) Il y a des arpenteurs qui mettent une aiguille à chaque
point *a* et *b,* et contre lesquels ils appuient l'alidade.

planchette, c'est-à-dire, que je la tourne jusqu'à
ce que j'aperçoive le jalon A par les pinnules de
l'alidade toujours sur *ab;* puis, sans déranger l'instrument, je fais tourner l'alidade autour du point
b jusqu'à ce que j'aperçoive le jalon que j'ai fait
mettre en C, et je mène au crayon une ligne indéfinie *bc* (1) : j'ôte la planchette, et, après avoir mis
un jalon à sa place, je fais mesurer BC, et je porte
cette distance proportionnelle de *b* en *c;* je pose
mon instrument au point C, auquel je fais répondre son homologue, et j'applique l'alidade sur la
ligne au crayon *bc,* puis je tourne la planchette
jusqu'à ce que j'aperçoive le jalon B ; je fais mouvoir mon alidade autour du point *c* jusqu'à ce que
le jalon mis à l'angle D se trouve dans le rayon visuel des pinnules ; je trace un rayon indéfini, et
fais mesurer CD , que je porte proportionnellement de *c* en *d.*

Ma planchette en D, son homologue y répon-
dant, et mon alidade sur *cd,* j'oriente mon instrument de manière à découvrir le jalon laissé à l'angle
C, puis, sans toucher à ma table, je fais tourner
mon alidade autour du point *d,* pour apercevoir le

---

(1) Pendant que vous travaillez sur la planchette, il faut envoyer un des portes-chaîne au point A, pour y prendre le jalon
lorsque vous lui ferez le signe convenu, c'est-à-dire, lorsque
tous les rayons seront envoyés du point B, et ainsi des autres.
On peut avoir des jalons *perdus,* qui restent aux stations, ce
qui fait gagner du temps.

jalon placé en E, et je trace *ed* indéfini ; je mesure
ED, en ayant soin d'arrêter vis-à-vis les sinuosités qui sont près de cet alignement, et de mesurer
les petites perpendiculaires *no, pq, rs,* et je cote
toutes ces mesures sur le papier, ou bien j'en fais
le rapport à mesure que j'avance sur la ligne ED.
Cette ligne entière étant portée proportionnellement de *d* en *e*, l'opération est terminée ; car si
l'on joint les points *e, f,* par une droite, les
figures *abcdef*, ABCDEF, seront semblables comme ayant leurs angles égaux chacun à chacun,
et leurs côtés homologues proportionnels ; mais
en concluant ainsi l'angle *fed* et le côté *ef*, rien
n'assure que l'on ne s'est point trompé, soit dans
la mesure des côtés ou dans l'ouverture des angles.

On aura la preuve de ses opérations en se transportant en E, pour y faire pareille observation
qu'aux autres points ; car, si l'on a bien opéré, le
rayon qu'on dirigera sur le jalon F passera sur
son homologue *f*, et la ligne *ef* se trouvera proportionnelle à EF, qu'on mesurera pour s'en assurer,
c'est-à-dire, pour voir si elle contient autant de
mètres que *ef* en a sur l'échelle.

J'appelle cette vérification *cadrer* ou *se fermer* ;
d'autres la nomment le *nœud gordien* de l'opération : en effet, sans elle on rencontrerait peu d'erreurs ; mais aussi on ne pourrait pas assurer son
travail. De là la nécessité de se fermer, et de ne
jamais construire une figure par la connaissance
de *ses élémens moins trois*. En nous donnant ce

principe, la théorie suppose qu'on ne commettra point de fautes; mais malheureusement la pratique n'en est point exempte. Cette observation a déjà été faite.

69. *Remarque.* Au lieu de faire le tour de cette FIG. 19. figure, on aurait pu se placer en A, et diriger des rayons à tous ses angles; alors on mesure les lignes AB, AC, AD, AE., et l'on fait leurs homologues *ab*, *ac*, *ad*, *ae*, proportionnels à ces distances; enfin, joignant ces points par des droites, on a la figure *abcde* semblable à celle du terrain; car ces figures sont composées d'un même nombre de triangles semblables et semblablement disposés.

On pourrait se placer à tout autre endroit qu'au point A, soit sur un des côtés de la figure, dans son intérieur, et même au dehors; dans tous les cas, il suffit, comme dans l'exemple ci-dessus, de diriger à tous les angles de la figure des rayons qu'on mesure, et qu'on fait sur la planchette, au moyen de l'échelle, proportionnels à ceux du terrain.

70. On peut encore parvenir à construire cette figure en ne mesurant qu'une base AB, des extrémités de laquelle on envoie des rayons sur des jalons mis au sommet de chaque angle; le croisement de ces rayons sur la planchette représentera le point homologue de celui auquel on a visé, et en joignant ces intersections par des droites, on aura une figure semblable à celle du terrain. C'est ainsi que *abcde* est semblable à ABCDE.

71. On voit que, par ce moyen, on détermine la longueur des lignes BC, CD, etc., sans s'éloigner de la base AB et sans faire de calculs; c'est l'objet de la géométrie : mais cette méthode, qui est vraie en théorie, est souvent défectueuse dans la pratique, surtout lorsque l'angle à l'objet qu'on veut placer est trop aigu ou trop obtus pour que l'intersection soit bien décidée. C'est par cette raison qu'on rejette la planchette pour faire une triangulation.

En général, lorsqu'on se sert de cet instrument, il faut, quand cela est possible, mesurer tous les rayons qu'on dirige, et ne placer les objets par intersections qu'autant que l'angle opposé à la base ne s'éloigne pas beaucoup d'un angle droit.

72. Étant au point A, et ayant dirigé des rayons à tous les angles de la figure, on peut se dispenser de mesurer ces rayons, et, par conséquent, d'entrer dans l'intérieur du terrain, comme on l'a fait ci-dessus; mais alors on mesure tous les côtés, et l'on examine dans chaque triangle formé par les côtés du polygone et le rayon visuel qu'on a dirigé, l'espèce d'un des angles inconnus; puis on construit la figure de cette manière :

Les points b, e, se placent naturellement, puisque les côtés et les rayons se confondent; pour fixer le point c, je prends une ouverture de compas proportionnelle à BC, et du point b, comme centre, je décris un arc de cercle qui coupe ac en un point c, et je mène bc.

Pour avoir le point *d*, du point *e* comme centre, avec une ouverture de compas proportionnelle à ED, je coupe *ad*, et je mène *ed*; enfin, je joins *ed*, et ma figure est construite.

Il est à remarquer que dans chaque triangle on ne connaît que deux côtés et l'angle opposé à l'un de ces côtés, ce qui donne deux solutions, ainsi qu'on l'a dit dans la remarque du n° 9; c'est-à-dire, que le compas avec lequel on décrit les arcs dont on vient de parler, coupe les rayons visuels en deux endroits, et qu'il est nécessaire de savoir si l'angle est aigu ou obtus, afin de prendre l'intersection qui représente le point du terrain. Tous les divers moyens que l'on vient d'indiquer ne sont que le développement de la théorie des triangles semblables, rapportée au n° 58.

Connaissant comment on détermine avec la planchette les dimensions d'un terrain de peu d'étendue, il ne s'agit plus que de faire remarquer les précautions qu'il faut prendre pour le levé d'un plan d'une plus grande surface avec ses détails.

Plans d'une plus grande étendue.

73. Lorsque le plan qu'il faut lever est d'une grande étendue, on commence par en assurer les principaux points par une bonne trigonométrie, et on fait un assemblage linéaire comme on l'a enseigné au n° 58 et suiv.; puis on place sur un papier préparé à cet effet, les points trigonométri-

17

ques et les lignes de ce plan linéaire, et on décide
par quelle partie on commencera les opérations.
Le point de départ est assez arbitraire ; néanmoins.
il vaut mieux partir d'un point connu, et au centre
duquel on puisse se placer, que d'en déterminer
un sur le terrain par la connaissance de trois autres ou autrement.

Les extrémités de la base trigonométrique sont
ordinairement libres et toujours à l'abri des erreurs du calcul, puisque ce sont elles-mêmes qui
ont servi à placer les autres : c'est donc sur un de
ces points qu'il convient de faire sa première
station.

Pour cela, tracez sur le papier que vous voulez
mettre sur votre planchette, la ligne du nord, à
laquelle vous rapporterez la base, ainsi que les
points trigonométriques et les lignes d'ensemble
qui pourront y tenir ; ou bien, si cette opération
a été faite sur un papier séparé, on la pique sur
la planchette ; on pose son alidade sur la base tracée au crayon, et on tourne la table jusqu'à ce
qu'on aperçoive un jalon placé à l'autre extrémité
de la base.

L'instrument ainsi tourné, on examine si les
rayons envoyés du point de départ aux objets trigonométriques, passent sur leurs homologues posés sur la planchette.

Assuré de la position de ces points, et si l'on
veut se servir du déclinatoire, on pose cet instrument sur la ligne du nord ; l'aiguille aimantée doit

faire avec cette méridienne un angle de 22° à-peu près : dans tous les cas, on remarque cet angle pour en faire un semblable à chaque station (on oriente ordinairement à zéro, qui est le nord magnétique). Enfin, on fait mettre un jalon à un endroit quelconque du terrain, par exemple, au croisement de plusieurs chemins; on trace le rayon sur la planchette, et l'on part, après avoir laissé un jalon à la place de l'instrument, en mesurant sur ce rayon. Fixons les idées à l'aide d'une figure.

74. Soit AB la base trigonométrique, NS la li- FIG. 20. gne du nord, C, D, deux points trigonométriques placés sur la planchette, ainsi que la base AB.

Pour ne pas être gêné dans le cours de mes opérations, je trace sur ma planchette une ligne au crayon $n's'$ (1), faisant avec NS un angle de 22° à l'ouest; je me place au point A, et mon alidade étant appliquée sur la base, je tourne la planchette jusqu'à ce que j'aperçoive le jalon B; puis je fais mouvoir l'alidade autour du point A jusqu'à ce que je rencontre successivement, dans le rayon des pinnules, les objets C et D. Si ces rayons se

_____

(1) C'est sur cette ligne $n's'$, prolongée s'il est nécessaire, ou sur ses parallèles tracées bien exactement sur chaque feuille du parcellaire, qu'on applique le déclinatoire à toutes les stations que l'on fait dans la commune dont on lève le plan. On doit toujours opérer avec le même déclinatoire, ou s'assurer que ceux qu'on emploie donnent la même déclinaison, étant posés sur le même signe.

trouvent sur leurs homologues tracés sur la planchette, c'est une preuve que ces points sont bien en direction relativement à l'objet A : s'il en était autrement, il faudrait revoir ses observations ou ses calculs. Tout étant d'accord, je mets mon déclinatoire sur $n's'$, l'aiguille doit être sur zéro ; si elle n'y était point, on tournerait le déclinatoire jusqu'à ce qu'elle s'y trouvât, et on rectifierait cette ligne $n's'$, sur laquelle on pose ordinairement cet instrument à chaque station. Cela étant fait, je fais mettre un jalon en a, et, sans déranger la planchette, je dirige dessus un rayon que je trace au crayon ; je pose un autre jalon au point A, et je mesure Aa, que je prolonge jusqu'en b ; je continue à mesurer ac, la perpendiculaire ec ; cd, la perpendiculaire df, et bd.

Comme je suppose qu'au point b est un obstacle qui empêche de continuer la ligne, j'y pose la planchette, et l'alidade étant mise sur AB, je tourne l'instrument jusqu'à ce que j'aperçoive le jalon A, et, pour m'assurer si je suis bien sur ce jalon, qui peut déjà être éloigné, je pose mon déclinatoire sur $n's'$, l'aiguille doit s'arrêter sur zéro (1).

_____

(1) Ce qui fait assez voir qu'on pourrait se dispenser de laisser le jalon A, puisque le déclinatoire étant sur $n's'$, et tournant la planchette jusqu'à ce que l'aiguille soit arrêtée sur zéro, on a l'alignement Ab ; mais j'observe qu'il vaut mieux employer ces deux moyens à la fois, pour assurer davantage ses opérations.

Tout étant bien, je dirige un rayon sur *g*, et je

En laissant un jalon en **A**, on pourrait même se dispenser
de faire une station en *b*, ainsi qu'on l'a pratiqué avec la boussole, en se transportant de suite au point *g*, où l'on s'oriente-
rait à zéro ; puis faisant tourner l'alidade autour du point *b*,
posé sur la planchette, jusqu'à ce qu'on aperçoive son homologue sur le terrain, on tracerait, le long de cette alidade ainsi
dirigée, un rayon *bg*, et on aurait le même angle que si l'on
avait fait la station au point *b*. J'observe encore que ce moyen
ne doit être employé que dans les détails d'un polygone assez
resserré, et dont on est assuré de l'ensemble.

Je sais qu'indépendamment de cette méthode, il y a des arpenteurs qui se dispensent de jalons ; ils se contentent de remarquer un objet sur lequel ils se dirigent. Ce procédé est,
sans contredit, plus expéditif ; mais on a évidemment moins
d'exactitude.

Je viens de dire qu'il y a de l'inconvénient à lever des plans
d'une certaine étendue sans le secours des jalons. En effet,
c'est une erreur de croire qu'une figure est levée exactement
avec le seul déclinatoire, quand on s'est fermé juste, c'est-à-dire,
à zéro, à très-peu près ; car l'aiguille variant dans un même
lieu et souvent dans un même jour, indépendamment des
temps d'orage et des endroits plus ou moins ferrugineux, il
peut arriver, et cela ne doit pas être très-rare, que les différentes variations se compensent de manière à ce qu'on se
ferme bien ; ce qui n'empêche point que, dans ce cas, il existe
une différence dans la mesure de cette figure ; et cette différence est d'autant plus forte que les variations de l'aiguille ont
été plus grandes et ensuite plus petites ; mais dans le levé des
plans on s'apercevra de cette différence, si l'on a occasion d'aller se fermer sur les rayons défectueux, surtout à ceux dont la
somme des déclinaisons, en plus ou en moins, se trouve la
plus forte. *Voyez la note du* n° 64.

mesure *bg*. Ayant eu soin de construire à mesure que j'avance, j'ai déjà le chemin *aefg;* je m'oriente au point *g* et je me dirige vers *h*, d'où je puis apercevoir l'objet C du terrain , placé sur ma planchette ; je m'oriente à zéro, et de plus j'examine si j'aperçois le jalon *g* par les pinnules de mon alidade placée sur *gh :* cela étant, je la fais tourner autour du point *h*, jusqu'à ce que j'aperçoive par les pinnules le point C du terrain; ce rayon visuel doit aussi passer par son homologue sur le papier; s'il en est ainsi, on aura lieu de croire à la bonté des opérations jusqu'à ce point.

(Néanmoins, malgré cette apparence de similitude, le travail pourrait être mauvais.

Par exemple, si l'on avait commis une erreur de mesure sur le rayon *bg,* et qu'on n'eût porté que *bx',* on serait arrivé en *z'* sur la planchette, alors *x'z'* devenant parallèle à *gh,* il est évident que le rayon envoyé de *z'* sur l'objet C du terrain, passera encore sur son homologue sur le papier.

On sent bien que si les rayons *bx'*, C*z'*, n'étaient pas sensiblement parallèles , il existerait une petite différence, mais souvent pas assez forte pour reconnaître cette erreur de mesure. Quant aux erreurs en angles, elles ne peuvent avoir lieu que lorsqu'on dérange la planchette sans le savoir, car on ne peut en commettre avec un bon déclinatoire, à moins pourtant que quelques matières ferrugineuses n'en dérangent la direction naturelle.)

M'accordant au point *h*, je prends la direction

ih, et au point *i* je me vérifie sur C et sur D ; si je suis bien en rayon sur ces deux points, c'est alors que je suis assuré de l'ensemble de mes opérations (1), et je continue mon travail, comme l'indique la figure, jusqu'au point *m* : là, orientant toujours ma planchette, je dirige un rayon sur B ; il doit passer par son homologue, et de plus la distance *m*B du papier doit être proportionnelle à celle du terrain ; pour m'en assurer, je la fais mesurer : si là différence, soit en angle, soit en mesure, n'était que de quelques mètres sur environ une demi-lieue que je suppose avoir parcourue sur les principaux rayons, on pourrait avec raison l'attribuer à l'opération manuelle, et conclure à la bonté du travail jusqu'à ce point ; seulement il faudrait avoir l'attention de ne point prendre le rayon *ml*, qui est

---

(1) Si les trois rayons *ih*, *i*C, *i*D, ne passaient pas au même point, le prolongement de ces rayons formerait un très-petit triangle au milieu duquel on pourrait placer le point *i*; ou bien, ce qui est plus exact, on placera ce point *i* à l'intersection des deux rayons *i*D, *i*C, tracés sur la planchette bien orientée. Pour plus de certitude, il serait bon d'apercevoir au troisième point, de la position duquel on serait certain, pour voir si le troisième rayon passerait à l'intersection des deux autres ; c'est une des pratiques du n° 79, déjà indiquée au n° 66. C'est de cette manière qu'on rectifie les petites différences que l'on rencontre souvent dans la pratique, et les points ainsi rectifiés sont bien placés si quelques matières ne dérangent point la direction de l'aiguille aimantée tandis qu'on opère cette rectification.

tant soit peu défectueux, pour base des autres opérations; il faudrait, au contraire, les asseóir sur
un autre dont on aurait une entière certitude de
sa vraie position sur *ik*, par exemple, puisqu'une
vérification s'est faite à l'une de ses extrémités.

Si l'erreur était plus forte, il faudrait en rechercher la cause, d'abord, comme je viens de le dire,
avec un bon déclinatoire, cette erreur ne peut être
qu'en mesures, ou à très-peu près.

Supposons que ce rayon, au lieu de passer sur
B, se trouve en *c'*, et que la différence soit trop
forte pour être tolérée; voici comme je m'y pren-
drais pour donner au point *m* sa véritable position.

Je mesure *m*B, et par le point B je mène à *mc'*
une parallèle que je fais égale à *m*B, et j'ai le point
m' que je voulais placer; pour m'en assurer encore,
si je puis apercevoir les objets C et D, je fais usage
du problème n° 82, qui doit me donner l'intersection au même point *m'*; une fois certain de ce
point, je suis assuré que c'est dans la direction, ou
à peu près dans le parallélisme de *mm'* que l'erreur
a été commise (il est évident qu'on aurait pu trouver le point *m'* par le problème qu'on vient de
citer, en supposant les objets C et D visibles de
l'endroit où l'on est). Cette différence étant recon-
nue, on mènera des parallèles aux rayons sur lesquels elle influe, et la dernière doit passer par le
point *m'*.

On vient de supposer l'erreur telle que le rayon
mc' ne passait pas au point B, et que la distance

*m*B était quelconque; il arrive encore assez fréquemment que l'on parvient en *m''*, de manière
que le rayon passe sur le point B , mais que la
distance B*m''* du papier n'est pas proportionnelle
à celle du terrain.

Ne supposant toujours aucune erreur en angles,
je porte la distance du terrain de B en *m'*, et je suis
assuré que mon erreur est dans le rayon qui a à peu
près cette direction; je la cherche, et une fois re-
connue, je rectifie les rayons envoyés depuis, en
menant des parallèles comme ci-dessus (1).

***

(1) On peut aussi rectifier les erreurs en angles lorsqu'il est
possible de connaître l'inclinaison et les endroits où la variation
a lieu. Par exemple, si l'on pose le déclinatoire sur une ligne
autre que celle sur laquelle on l'a placé aux stations précédentes, ou qui ne lui soit point parallèle, et que, d'ailleurs, on ne
se serve point de jalons qui avertissent de cette méprise, le travail que l'on fera sur ce faux orientement sera bon isolément,
mais il ne s'accordera pas avec les opérations voisines, qui
ont été faites sur le véritable orientement.

Pour tout ramener à sa place, il suffit, dans ce cas, de poser la fausse ligne du déclinatoire sur la bonne, à partir du
point où la fausse déclinaison a été prise, et de piquer tous les
points déterminés d'après l'orientement défectueux.

Il peut encore arriver qu'après avoir travaillé quelque temps
sur ce faux orientement, on pose le déclinatoire sur le véritable, et qu'on continue ses opérations d'après cette direction.
Si l'on peut reconnaître cet endroit, après avoir mis ce point
à sa place, comme ci-dessus, il ne s'agira que de tracer par
ce point une parallèle à cette ligne, de mettre le faux point sur
son homologue qu'on a mis à sa véritable place, et de piquer

18

Ce point étant assuré, on y orientera la planchette, pour déterminer le chemin *im'* ; on se dirigera sur *o*, et l'on pourra arrêter en *l'* pour circonscrire la figure X, comme au n° 68 et suivans.

Quant à celle indiquée Z , on fera mettre un piquet au point *n*, et de l'endroit *o*, étant orienté, on dirigera *no*; on mesurera sur ce rayon, et en passant on arrêtera au point *p* ; on dirigera *p*C, dont la distance sera mesurée , pour voir si elle s'accorde, comme cela doit être ; sur ce rayon on déterminera l'église, le cimetière et la maison qui s'y trouve ; puis revenant au point *p*, on continuera de mesurer jusqu'en *n*, et l'on construira en passant la maison qui est à gauche.

Étant en *n*, et orienté sur *o*, on déterminera Z à l'ordinaire ; on reviendra au jalon *o* pour continuer de la même manière jusqu'au point *i*, en faisant attention de construire en passant les figures *y* et *y'*, avec leurs petits détails.

S'il se trouvait une forte élévation *g'* sur laquelle

de nouveau tout le travail qu'on peut avoir fait d'après la planchette bien réorientée. Alors, si l'on a bien opéré, tout s'accordera avec les opérations d'alentour.

On peut faire ces rectifications par intersections ; mais cela est plus long et peut-être moins exact : d'ailleurs, il est de ces sortes d'erreurs qui , étant mêlées avec celles en mesures, ne peuvent être rectifiées convenablement ; mais, je le répète, on évitera les différences en angles en opérant, en même temps, avec les jalons et avec le déclinatoire.

il y eût une figure à décrire, il faudrait mettre un jalon en *g'*, et des points *r* et *s*, y envoyer deux rayons dont l'intersection sur la planchette déterminerait le point homologue, si l'instrument restait horizontal, ce qui est possible avec de hautes pinnules, ou des pinnules ou lunettes plongeantes; puis on se transportera en *g'* pour s'orienter, soit sur *r*, soit sur *s*, ou avec le déclinatoire seulement, et pour déterminer la figure, si les pinnules de l'alidade n'étaient pas assez hautes pour apercevoir le jalon *g'* sans incliner la planchette, on pourrait, après avoir dirigé un rayon quelconque *rg'*, faire jaloner cet alignement, et mesurer dessus, en tenant la chaîne le plus horizontalement possible, et n'employant que le demi-décamètre, si cela est nécessaire, jusqu'à un point quelconque *g'*, d'où on s'orientera pour construire le polygone.

Si d'un point quelconque de ce terrain on pouvait apercevoir deux objets déjà posés sur la planchette, comme *s* et *r*, on placerait ce point par la méthode indiquée au n° 82. Ainsi qu'on l'a déjà dit, c'est ordinairement cette pratique qu'on met en usage dans les détails.

On rappelle de nouveau que la chaîne doit toujours être portée horizontalement dans toutes les mesures que l'on prend.

Lorsqu'on est certain de toutes ses opérations, on trace à l'encre de la Chine les chemins, rivières, ruisseaux, et le périmètre de chaque figure; les autres rayons sont effacés avec de la gomme

élastique, à l'exception des lignes de construction,
qu'on laisse sur la minute du plan, et qu'on désigne par un ponctué à l'encre rouge. Ces lignes,
dont on a soin d'indiquer la longueur, ainsi que
nous l'avons dit ailleurs, font voir la marche de
l'opération ; elles servent aussi, en cas de différence entre le plan et le terrain, à reconnaître de
suite si cette erreur ne proviendrait pas, comme
cela arrive assez souvent , d'une fausse mesure
prise sur l'échelle.

Ayant vu la marche du levé d'un plan avec la
planchette, il ne reste plus qu'à faire connaître
comment on change de papier quand celui qui est
sur cette table est rempli, et quels sont les moyens
qu'on peut employer pour placer dessus les points
trigonométriques.

75. Lorsque le papier qui est sur la planchette
est rempli, on est obligé de lui en substituer un
autre, afin de pouvoir continuer l'opération.

FIG. 20.   Si, par exemple, on continue vers le nord, on
piquera sur le nouveau papier les points h, t, i, k,
auxquels on doit revenir pour se fermer, et de plus
on tracera au crayon, sur le bord du premier et
du second papier, une ligne commune, qui servira
à rattacher ces feuilles. Enfin on prolongera sur ce
dernier papier la ligne $n's'$, ou on lui mènera une
parallèle, selon la disposition des feuilles, s'il n'y
a pas de carreaux sur chacune d'elles dans la direction de cette ligne.

On partira à volonté de i ou de k, en donnant

pourtant la préférence au rayon qui dépend de moins de stations, comme étant indubitablement plus certain,

Si l'on choisit le point k, on s'y orientera, c'est-à-dire, qu'on mettra l'alidade sur ik, qu'on a eu soin de conserver au crayon, et l'on tournera la planchette jusqu'à ce qu'on aperçoive le jalon posé au point i (ce qui indique assez qu'il faut avoir soin de faire une remarque à toutes les stations, pour les retrouver au besoin); on mettra le déclinatoire sur $n's'$, et l'on examinera s'il donne précisément le même degré de déclinaison que sur la feuille précédente; s'il en était autrement, c'est que la ligne $n's'$; ou les points i, k, seraient mal placés sur cette feuille, et il faudrait revoir cette opération graphique avant de commencer à opérer. Il en serait de même de tout autre point placé sur cette feuille, qu'on prendrait pour celui de départ. Tout étant d'accord, on fera mettre un jalon en k', on tracera un alignement dans cette direction, et l'on continuera à l'ordinaire.

On voit que nous opérons toujours par alignemens et par déclinaisons, c'est-à-dire, avec les jalons et le déclinatoire, et on a vu au n° précédent que, si cette méthode est plus longue, elle est aussi plus certaine; et, sous le rapport de la précision, s'il y avait à choisir entre le déclinatoire et les jalons, il faudrait donner la préférence à ceux-ci.

76. On remarquera qu'on n'aurait pas été obligé de se réorienter de nouveau au point k, si la pre-

mière fois qu'on y a fait une station, on eût déterminé l'alignement *kk'*, et mis des piquets à ces
deux points pour les reconnaître. C'est une précaution que doivent avoir tous les arpenteurs qui
ne veulent pas perdre de temps : de sorte qu'avant
de quitter une station, il faut bien examiner si tous
les rayons sont envoyés et tracés sur la planchette, pour éviter d'y revenir une seconde fois.

Lorsque cette planchette est terminée, on pose
un troisième papier sur la planchette, et ainsi de
suite.

77. *Placer sur le second papier posé sur une
planchette, un point C qu'on n'a pu mettre sur le
premier papier.*

FIG. 21.   Le moyen le plus exact de donner à ce point sa
véritable position, est de prolonger sur le nouveau
papier la méridienne A*n'*, ce qui est toujours facile lorsqu'on pique des points du premier sur le
second. Comme on connaît A*b* par le calcul, la
question se réduit à porter cette distance sur le
nouveau papier; élevant à ce point une perpendiculaire, et lui donnant la valeur de *bc*, aussi connu
par le calcul, on aura la position de l'objet C.

Ce point une fois déterminé, on peut par son
secours placer ceux qui pourront tenir sur ce papier; car s'il s'agissait du point *f*, le rapport à la
méridienne a donné C*e, ef*; élevant donc sur *b*C
une perpendiculaire *e*C, à laquelle on donne sa
valeur, et sur celle-ci une autre perpendiculaire *ef*,

la distance de cette dernière ligne fixera le point *f.*

Ces points, comme nous l'avons déjà dit, servent à se vérifier toutes les fois qu'on peut les apercevoir dans le cours des opérations : il est donc bien important d'en avoir toujours sur sa planchette.

S'il avait été impossible d'en observer de plus éloigné que le point C, il semblerait que la planchette suivante en serait dépourvue, et que toutes les opérations se trouveraient, pour ansi dire, abandonnées au hazard, si d'ailleurs on n'y avait pas de lignes de construction, puisque ce point C ne peut être changé sans cesser d'être en harmonie avec les autres points A, B, *f,*..... etc.; cependant il est possible, ainsi qu'on va le voir, d'avoir sur la planchette des objets trigonométriques, quoiqu'il n'en existe pas dans la partie où l'on travaille.

78. *Placer sur la planchette* X *un point* C *dont la véritable position se trouve sur la précédente, de manière que ce point puisse servir à vérifier les opérations de cette planchette.*

Pour résoudre cette question, qu'on peut regar- FIG. 21. der comme une des plus importantes dans les opérations de la planchette, je trace un rayon quelconque C*g,* prolongé suffisamment sur ma nouvelle planchette, et je prends au compas la distance C*g;* puis, pour plus de facilité, je porte une partie aliquote de cette ligne, la demie par exemple, de *g* en C', et j'en tiens note : ce point C' placé sur ma planchette, je continue mes opérations à l'ordinaire. Partant, par exemple, de l'endroit marqué *h*, et arrivant en *i* d'où j'aperçois l'objet C du terrain, j'y oriente ma tablette, et je me vérifie en cette manière : je trace *ig* au crayon, et je prends *gk* = ½ *ig*; je pose mon alidade sur les points *k* et C', et si j'ai bien opéré, je dois apercevoir sur le terrain l'objet C ; car les triangles *gi*C, *gk*C', sont semblables, comme ayant un angle égal compris entre côtés proportionnels (1).

Du point *i*, m'étant dirigé par *l*, *m*, *n*,... etc., je n'ai pu, aux trois premiers points, apercevoir l'objet C; mais je le découvre de *o*, où je veux me vérifier; pour cela, je mène au crayon la ligne *og*; je prends *gp*, la moitié de *og*, et mon alidade étant appliquée sur *p*C', je dois apercevoir par ses pinnules l'objet C du terrain, et ainsi de suite, en faisant toujours partir la ligne au crayon du point *g* à celui où l'on veut se vérifier.

Il faut observer de ne point mettre le point *g*, qu'on place à volonté, trop près de C', car plus les points *k* ou *p* en seront éloignés, plus il sera facile d'appliquer l'alidade sur C'*k* ou C'*p*.

On pourrait se dispenser de mettre C' sur la

---

(1) Cela sera toujours vrai dans la pratique; car les parallèles *k*C, *i*C, étant sur la même planchette, et, par conséquent, peu éloignées l'une de l'autre, la différence sera insensible; d'ailleurs, on pourra remarquer si l'objet se trouve à droite ou à gauche de la même quantité interceptée entre ces parallèles.

planchette, en employant les quatrièmes proportionnelles; mais cette méthode qui rend les opérations vraiment mathématiques, serait plus longue,
moins commode, et peut-être moins exacte en pratique que celle que nous proposons.

L'opération ci-dessus expliquée doit avoir de
fréquentes applications dans les pays couverts où
l'on n'a pas d'objets trigonométriques sur toute la
surface du terrain dont on fait le plan ; elle m'a
servi avec avantage dans le levé des plans que j'ai
construits avec la planchette, et comme il était indifférent de placer le point g en g', et le point C'
en C", je faisais en même temps ces deux constructions; alors, quand j'étais à peu près dans la direction de C'g, je me vérifiais sur C", et, au contraire, lorsque j'étais sensiblement dans l'alignement de g' C", je me vérifiais sur C' ; ou bien, pour
plus de certitude, je faisais la vérification sur ces
deux points à la fois : par exemple, étant en o et
m'étant vérifié sur C, je mène au crayon og', et
prenant $g'p'$, la moitié de $g'o$, j'examine si, l'alidade placée sur p' C , j'aperçois l'objet C du
terrain. Si ces deux vérifications s'accordent, c'est
une preuve que les opérations sont exactes jusqu'à
ce point.

79. *Étant posé sur la planchette un point* D , FIG. 22.
auquel on peut s'orienter et diriger un rayon sur
un objet F, *placer sur la direction* DF , *un point* C,
en admettant qu'il est impossible de mesurer CD,

19

et d'apercevoir cet objet, d'autres stations, mais qu'on peut voir un objet A placé sur le plan.

Mettez la planchette au point C, et posez l'alidade sur la ligne au crayon CD que vous avez tracée du point D; alignez-vous sur ce dernier objet du terrain, et faites tourner l'alidade autour du point A, posé sur la planchette, jusqu'à ce que vous aperceviez son homologue sur le terrain, et tracez dans cette direction une ligne indéfinie AC, qui rencontrera DF au point C qu'il fallait placer (1).

Si l'on était muni d'un déclinatoire, il ne serait pas nécessaire d'avoir sur sa planchette la direction de CF, pour placer le point C, la position de deux points quelconques A et D suffirait; alors on s'oriente à l'objet C au moyen de cet instrument, et l'on trace, comme ci-dessus, deux rayons AC, DC, dont l'intersection donne le point C sur la planchette. Cette pratique a déjà été développée au n° 66.

C'est au moyen de cette méthode que l'on place promptement sur sa planchette tel objet du terrain que l'on veut.

Les questions suivantes trouvent aussi leur application.

_____

(1) Lorsque le rayon AC tombe trop obliquement sur DF, il faut, s'il est possible, faire la même opération sur d'autres points que A, afin d'avoir la position C par plusieurs intersections qui doivent se confondre sur DF.

80. *Résoudre avec la planchette la question du* n° 28, *qui donne le moyen de placer un quatrième point par la connaissance de trois autres déterminés sur le plan.*

Soient A, B, C, les points donnés sur le plan qui couvre la planchette supposée placée au point qu'on veut déterminer. FIG. 22.

Si l'on a un déclinatoire, on opérera comme dans la dernière pratique du n° précédent; mais si l'on n'a pas cet instrument, on mettra sur la planchette un point quelconque D, qu'on fera correspondre à celui du terrain, et on dirigera des rayons aux objets A, B, C, puis on décrira sur AB et sur BC des cercles capables des angles ADB, BDC; l'intersection de ces deux cercles sera le point demandé (150). Ce procédé a été déjà indiqué à la page 45.

81. *Remarque.* Lorsque le rayon du cercle est très-grand, il n'est pas facile de décrire les circonférences dont on vient de parler; mais on peut y suppléer en employant le procédé suivant :

Prenez un papier verni bien tendu et bien transparent, assujettissez-le sur votre planchette, et d'un point quelconque pris sur ce papier de calque, dirigez l'alidade successivement sur les objets du terrain A, B, C; tracez ces rayons visuels à l'encre sur ce papier, que vous détacherez de la planchette; ensuite faites coïncider les rayons visuels sur les points placés sur la planchette cor-

respondans à ceux du terrain A, B, C, et piquez,
dans cette situation, le sommet de ces angles ; ce
sera le point D, correspondant à celui du terrain,
que l'on veut placer.

FIG. 23. 82. *Deux points A et B étant placés sur la planchette, tracer dessus une base CD qu'on ne peut
apercevoir des points placés, ni d'aucun endroit
qui se trouve en relation avec eux sur la planchette.*

Si l'on opère avec le déclinatoire, on placera
chacun des points C et D comme dans les problèmes précédens, ce qui sera promptement fait ;
mais si l'on ne fait usage que des alignemens, on
tracera sur la planchette une ligne quelconque *cd;*
on se posera au point C, et l'on enverra des rayons
sur les objets A et B du terrain ; on mesurera la
base, et on fera *cd* de sa longueur ; on se mettra
à l'autre point D, et la planchette étant orientée,
on dirigera des rayons sur les mêmes objets A et
B, ce qui donnera les points *a* et *b* sur la planchette.

Maintenant, si sur AB on construit les triangles
abc, abd, on aura les points C et D de la base à
placer.

On peut s'y prendre différemment pour avoir la
position de cette ligne ; la construction changerait
un peu, mais l'opération ne serait pas plus simple.

Tous ces moyens servent avec avantage lorsque,
par une longue suite de rayons, on pourrait n'être
pas assuré de la véritable position du point de dé-

part, pour le faire servir à de nouvelles opérations ; alors, avec ces points bien placés sur la planchette, on en détermine d'autres sur lesquels on base la suite de son travail.

Voici encore un problème qui peut trouver son application :

83. *Connaissant un triangle* ABC, *placer dans* FIG. 24. *l'intérieur des points* D *et* E, *sans déranger la planchette d'un des sommets* A, *auquel on est placé, et en supposant qu'il est possible de mesurer l'un des côtés* AB *ou* AC.

Le triangle étant construit sur la planchette posée en A, je dirige des rayons aux objets D et E.

Si la ligne AB était disposée à recevoir seulement une équerre, il suffirait de chercher dessus le point H, de manière à avoir l'angle droit AHE, et de mesurer AH ou BH ; mais comme il est possible qu'on ne puisse poser aucun instrument sur cette ligne, qui peut être un mur très-élevé et très-étroit, mais à côté ou au bas duquel on peut aller, on fera mettre des piquets F et G dans les alignemens CE, CD, et on mesurera AG, GF, ou BF, BG, selon qu'on le trouvera plus commode et plus expéditif ; ces distances mesurées serviront à construire sur la planchette les triangles semblables A*cf*, A*cg*, et les points *e* et *d* d'intersection seront ceux qu'il fallait placer.

Au moyen de ce procédé, on pourrait, par des opérations fort simples, dans un pays découvert

et en plaine, placer beaucoup de points en peu de
temps.

Voilà à peu près tout ce qu'on peut dire sur les
opérations que l'on fait à la planchette. Il y a encore
plusieurs petites méthodes particulières, qu'on
chercherait en vain à expliquer, et que la pratique
seule apprendra; d'ailleurs, elles ne diffèrent en
rien de celles que l'on fait avec le graphomètre,
et quels que soient les procédés qu'on emploie
pour construire son plan, ils seront également bons
s'ils émanent d'un calcul géométrique, et si les intersections sont nettes.

Développement des parties qui présentent beaucoup de détail.

85. Lorsque le géomètre arpenteur est dans le
cas de faire usage de l'échelle de 1 à 1250 pour lever les portions de terrain très-détaillées, il en fait
le rapport à cette échelle sur une feuille séparée,
soit qu'il opère à la planchette ou avec tout autre
instrument, ou bien il met cette portion dans un
angle de la feuille du parcellaire, et la véritable
place de cette partie développée, reste en blanc sur
cette dernière feuille.

Chaque portion développée a un numéro correspondant à celui placé dans la partie qu'elle représente au plan d'ensemble.

On voit qu'il ne sera pas nécessaire de faire autant de ces dernières feuilles qu'il y aura de petites

parties morcellées. On pourra porter sur une même feuille tous les objets de détail qui appartiendront à une même section, en les indiquant toutefois par des caractères distincts, et en y mettant les annotations qui peuvent en faciliter le rapprochement.

86. A mesure que le géomètre-arpenteur travaille sur le terrain, il prend les notes et les mesures nécessaires pour pouvoir exprimer sur son plan les montagnes, ravins, et tous les accidens sensibles que présente la localité, et il s'attache particulièrement à ne laisser aucun doute sur la détermination des limites de chaque parallèle; c'est surtout dans les bourgs et villages que cette attention est nécessaire; les cours et bâtimens de chaque propriété doivent être déterminés de manière que le calculateur ne se trouve jamais embarrassé dans son travail. Les haies et fossés peuvent être indiqués sur les minutes des plans, mais très-légèrement, pour ne point nuire à la netteté des limites des parcelles, ni à la précision de leurs calculs; il suffira de les désigner à leurs extrémités, savoir : les fossés par une double petite ligne coupée, et les haies par de petits points groupés.

Les chemins qui traversent les cours, les terres R. M., 228. vaines et vagues, et généralement tous ceux qui ne sont point fixes, sont désignés par deux lignes positives, distantes l'une de l'autre de la largeur ordinaire d'un chemin.

Enfin, on indiquera sur la minute du plan les Ibid.; 230. bornes qui divisent les propriétés, et celles qui se

R. M.,
231, 232. trouvent sur le périmètre de la commune. Les ponts de pierre ou de bois seront aussi mis à leur place sur le parcellaire, et l'arpenteur prendra, à Ibid., 223. mesure qu'il opérera, les noms des bourgs, villages, fermes, rivières, ruisseaux, ainsi que ceux des principaux chemins qui traversent la commune. Une chaussée pavée est ordinairement distinguée d'un autre chemin par deux lignes parallèles tirées très-près l'une de l'autre entre le chemin, pour représenter le pavé. Cette indication est assez inutile sur les plans parcellaires.

Ibid., 238. Le géomètre doit encore tenir note des dimensions des petites parcelles, et surtout de celles qui sont longues et étroites, formant parallélogrammes et trapèzes, savoir, lorsqu'elles sont de 6^m et au-dessous pour les plans levés à l'échelle de 1 à 2500, et de 3^m et au-dessous pour ceux qui sont développés à l'échelle de 1 à 1250.

Si l'on se servait de l'échelle de 1 à 5000, ces dimensions seraient prises jusqu'à 12 mètres.

Quand le plan est numéroté, l'arpenteur rédige un état de ces mesures, qu'il envoie au géomètre en chef.

Remarque. Pour les très-petites figures d'une forme quelconque, dont il serait dangereux d'en déduire la contenance de l'échelle et du compas, pour éviter un trop grand nombre de développemens (85), l'arpenteur pourrait porter sur son plan général ces petites parcelles qu'il ne croirait pas devoir développer; mais alors il mettrait sur son tableau indicatif la contenance de chaque numéro, d'après le calcul déduit des mesures effectives prises sur le terrain.

États de situation.

87. Le géomètre-arpenteur doit envoyer au Modèle n° 6. geomètre en chef, le 25 de chaque mois, la situation de ses travaux : il y fait mention de toutes les difficultés qu'il rencontre dans le cours de ses opérations, notamment celles relatives aux contestations de limites, afin que le géomètre en chef en R. M., 104. instruise l'administration s'il y a lieu (95). Le travail des auxiliaires doit figurer sur cet état, et, à la fin de l'année, chaque géomètre-arpenteur rend compte de la conduite et des opérations de ses auxiliaires au géomètre en chef.

De son côté, ce dernier adresse, au commen- Ibid., 309. cement de chaque mois, au directeur des contributions, l'état par commune de la situation des tra- Modèle n° 7. vaux, tant sur le terrain que dans ses bureaux.

L'ancien modèle ayant subi quelques modifications, on pourrait rédiger cet état dans la forme du modèle indiqué ci-contre.

Rapport sur le papier des opérations faites sur le terrain.

88. On a vu au n° 58 que les opérations faites sur le terrain doivent être rapportées successivement sur les plans, et que les minutes sont construites sur des feuilles de papier grand-aigle.

20

Lorsqu'on travaille à la planchette, le rapport se trouve fait à mesure qu'on opère sur le terrain, et si cet instrument n'est pas garni de rouleaux qui permettent de travailler sur toute la feuille grand-aigle, la minute du plan se compose de la réunion des feuilles de planchette collées ensemble, R. M., 217. jusqu'à concurrence du format de papier grand-aigle.

On pourrait également faire sur le terrain le rapport des opérations que l'on fait avec le graphomètre, l'équerre et la boussole ; mais outre que cela serait très-embarrassant, on ne serait pas toujours assez commodément pour construire le plan avec soin ; cependant il y a des arpenteurs qui rapportent leurs opérations faites avec la boussole à mesure qu'ils opèrent.

89. Le rapport doit, en général, se faire sur le plan dans le même ordre qu'on a opéré sur le terrain ; je vais en indiquer la manière sur des figures particulières.

FIG. 25. Pour rapporter le plan du triangle ABC, dont on a mesuré les trois côtés, commencez par tirer sur le papier une ligne *ab* au crayon, et prenez avec un compas autant de parties de l'échelle qu'il y a de mètres de A en B, que vous porterez de *a* en *b*; puis du point *a* pris pour centre, et avec la valeur de AC, prise sur l'échelle, décrivez un arc vers *c*, et du point *b*, aussi pris pour centre, décrivez avec BC pris sur la même échelle, un autre arc qui coupe le premier en un point *c*; tirant alors *ac* et *cb*, le triangle *abc* est semblable à celui du terrain ABC.

90. Si la figure a été levée avec une équerre, FIG. 26. menez au crayon une ligne indéfinie *ab*, pour représenter la base AB; donnez à cette ligne indéfinie autant de parties de l'échelle qu'il y a de mesures dans AB, et prenez sur la même échelle les distances marquées sur cette base entre les perpendiculaires qui y sont élevées, tant à droite qu'à gauche, pour les porter sur *ab*.

Élevez, au point où ces mesures finiront, avec une équerre en bois, des perpendiculaires, auxquelles vous donnerez autant de parties de l'échelle que celles qu'elles représentent sur le terrain contiennent de mesures. Enfin, joignez les points *a*, *b*, *c*, *d*, *e*, *f*,... par les droites *ac*, *cd*, *de*, *ef*,... et vous aurez le plan du terrain proposé.

Toutes les lignes tracées au crayon, qui ne font point partie du périmètre de la figure, doivent être effacées.

91. *Rapporter le plan d'une figure levée avec le graphomètre.*

Tirez sur le papier une droite *ab*, que vous fe- FIG. 27. rez égale à AB; aux extrémités A et B, faites sur cette droite, avec un rapporteur (1), les angles

---

(1) On pose le diamètre du rapporteur sur *ab*, de manière que le centre, marqué par un petit trou et quelquefois par

bad, abc, égaux chacun à chacun à leurs homologues BAD, ABC, observés sur le terrain; donnez
aux côtés *ad, bc,* autant de parties de l'échelle que
vous avez trouvé de mètres en mesurant ces côtés
avec la chaîne; puis tracez au crayon la ligne *cd,*
sur laquelle vous mènerez les petites perpendiculaires qui ont été élevées sur CD du terrain, comme on l'a fait dans la pratique précédente; vous
élèverez sur *bc* celles qui sont sur BC, et vous join-

---

une échancrure, se trouve précisément sur le sommet *a;* puis
on prendra sur le limbe du rapporteur le nombre de degrés
qu'on a trouvés pour l'angle BAD, et on fait une marque, au
crayon ou avec un piquoir, vis-à-vis ce nombre, par laquelle
est le point *a;* on mène un rayon indéfini *ad,* et l'on a l'angle
bad égal à celui BAD qu'on a observé.

Si la ligne *ab* était placée de manière que le rayon du rapporteur excédât le papier sur lequel on opère, on prolongerait
ad au-dessous de *ab,* et on déterminerait de la même manière
l'angle opposé *gaf,* et en prolongeant *af* de l'autre côté de *ab,*
on aurait la direction *ad.* On prend cette précaution pour avoir
la certitude que le diamètre du rapporteur est bien appliqué
sur *ab;* c'est principalement de cette attention que dépend
l'exactitude de ces mesures.

Le rapporteur en corne ne noircit point le papier, et l'on
voit à travers, ce qui est commode; celui de cuivre est évidemment plus exact. Enfin, il y a des rapporteurs qui portent
un *vernier,* ce qui permet de faire sur le papier des angles aussi
exacts que ceux qu'on a mesurés sur le terrain. On se sert de
cet instrument pour rapporter des points éloignés les uns des
autres (*voyez les* n°s 145 *et* 146), parce que l'opération est plus
exacte et plus juste.

drez les extrémités de ces perpendiculaires par des droites, comme l'indique la figure.

Comme on a mesuré CD, à cause des perpendiculaires qui sont élevées sur cette ligne, on peut s'assurer de l'exactitude du mesurage et du rapport, en examinant si *cd* contient, à très-peu de chose près, autant de parties de l'échelle que CD contient de mètres; je dis à peu près, car les divers accidens de la propriété sur laquelle on opère, peuvent causer une différence, qu'on néglige quand elle est de peu de chose.

L'opération serait la même et ne serait pas plus difficile, quand la figure à construire aurait un plus grand nombre de côtés.

On pourrait opérer de la même manière pour représenter sur le papier le plan de la figure 28; mais comme il serait trop long de calculer tous les côtés et les angles de ce terrain, dans lequel on suppose qu'on a mesuré AB, et les angles aux FIG. 28. extrémités de cette ligne, il est plus expéditif d'opérer comme il suit :

Tirez sur le papier une droite *ab* que vous ferez égale à AB; faites sur *ab* les angles *cad, dae, eaf,*.... etc., qui aient chacun le point *a* pour sommet, et qui soient égaux aux angles CAD, DAE, EAF,.... chacun à chacun.

Faites aussi sur la même ligne, et par le même moyen, les angles *abk, abi,*.... qui aient chacun le point *b* pour sommet, et qui soient égaux aux angles ABK, ABI,.... etc., aussi chacun à chacun.

Enfin, tirez par les points où ces lignes se coupent, les droites *ac, cd, de, ef,....* qui formeront le plan demandé.

92. C'est ainsi que quand toutes les opérations indiquées, par exemple à la figure 17, seront terminées sur le terrain, on pourra opérer pour faire le rapport de cette figure, et il est bien évident que, dans cette construction, on s'apercevra si l'on s'est trompé dans la mesure des angles ou des côtés, par l'impossibilité où l'on se trouvera alors de se *fermer* ou de *quadrer*.

Pour rapporter cette figure, on commence par établir le plan itinéraire ainsi que les principales lignes de l'assemblage linéaire. Ce premier rapport se fait d'après la méthode indiquée au n° 145; et lorsque toutes les parties coïncident entre elles, on passe au détail.

Pour construire le parcellaire du canton CzK, comme les trois côtés de ce canton sont déjà construits par le tableau itinéraire, je prends sur l'échelle la distance que j'ai trouvée sur le terrain de C en *g,* et je la porte sur la ligne C*g* du plan, en partant du point C, ce qui me donne le point *g;* je porte également la distance *gh* prise sur l'échelle, pour avoir le point *h.*

Je fixe de la même manière sur la ligne CK les points *b, d,....* etc., en prenant sur l'échelle la valeur de ces distances trouvées sur le terrain, et les portant sur le plan.

Arrivé au point K du plan, je trace au crayon la

ligne KB, et je porte sur cette ligne toutes les distances partielles prises sur l'échelle que j'ai mesurée sur le terrain, ainsi que les perpendiculaires que j'ai également fait chaîner pour déterminer le chemin.

Parvenu à l'angle B, le chemin KB se trouvera tracé, si on lui donne la largeur qu'on a trouvée sur les lieux; alors on portera sur le côté inférieur de ce chemin toutes les distances partielles qui ont été mesurées; on tracera sur le plan la ligne Kz, dont les extrémités sont déterminées, et on portera sur cette ligne toutes les différentes mesures qui ont été prises sur le terrain; par les points de division, on tracera au crayon ou à l'encre les lignes *ab*, *cd*,.... etc., qui détermineront les parcelles mesurées.

Enfin, sur *cd* portez la valeur de *df*, *ef*, et tirez *eh*, vous aurez toutes les parcelles de ce canton.

Pour ne pas se tromper de point, c'est-à-dire, pour ne pas s'exposer à conduire une fausse ligne de *b* en *c*, il vaut mieux tracer ces divisions à mesure qu'on opère sur le papier, que d'attendre que tous les points soient déterminés pour les tracer, c'est-à-dire, qu'ayant les deux premiers points *a* et *b*, on conduira la ligne *ab* avant de fixer les points *e*, *d*, et ainsi des autres.

Pour rapporter le canton M, je prolonge DF qui est déjà sur le plan; je porte sur ce prolongement la distance DN prise sur l'échelle, et aux points *i*, *t*,.... indiqués par les mesures du terrain, j'élève les perpendiculaires *ik, lm,*.... auxquelles je donne les distances convenables, et j'ai, par ce moyen, le bord de la rivière D*kml,* et, par conséquent, les parcelles nᵒˢ 1 et 2, parce que les extrémités de ces figures, qui aboutissent au chemin, ont été déterminées lorsqu'on a mesuré CD pour former le tableau itinéraire. Au point N, je fais sur ND un angle égal à son homologue mesuré sur le terrain (145), et je trace au crayon une droite indéfinie NO, sur laquelle j'élève, aux points indiqués par le canevas, toutes les petites perpendiculaires qui ont été prises sur le terrain, et comme l'indique la figure. Je me trouve, par ces opérations, avoir fixé les points *o* et *n;* je mène au crayon la droite *on,* puis je fais, sur cette ligne, avec un rapporteur un angle de 88 degrés, que je suppose avoir mesuré sur le terrain au point *n* entre *o* et *s;* je trace au crayon l'alignement *ns* auquel je donne la distance trouvée en mesurant son homologue sur le terrain : je fixe ainsi le point *s,* et les autres points qui peuvent se trouver près de cet alignement *ns.*

. Voulant continuer l'opération sur NO, avant d'aller plus loin, je prolonge la perpendiculaire élevée sur *o;* elle doit passer sur le point A, et la distance *o*A doit être proportionnelle à celles mesurées sur le terrain : cela étant, je détermine *p,* et je trace *op.* Ayant conduit la droite *hs,* il est évident qu'en portant sur cette ligne la distance *ut,* à partir du point *t,* où l'alignement NO rencontre *hs,* on aura le point *t,* et qu'en conduisant *uv* perpendiculairement, on a ouverture d'angles, selon qu'on l'a trouvé sur le terrain, on aura le point v.

Il n'était donc point absolument nécessaire de mesurer jusqu'au point t; il suffisait d'arrêter la mesure sur cette ligne au pied de la perpendiculaire qui a déterminé l'angle p; mais il est bon de connaître cette distance; elle sert de vérification : sa longueur doit tomber précisément sur la ligne menée du point s au point L; d'ailleurs, on ferait bien encore de mesurer cette ligne ts, pour voir si la mesure du terrain est la même que celle du plan.

Au moyen du rapport que l'on vient de faire, on a construit les figures nᵒˢ 1, 2, 3, 4, 5, 6 et 7.

On pourra faire des opérations semblables sur la perpendiculaire nQ, sur laquelle on établira d'autres lignes de construction, pour faire le parcellaire du reste du canton M, et ainsi des autres.

93. *Rapporter sur le papier un plan levé avec la boussole.*

Commencez par représenter la direction de l'aiguille aimantée sur le papier, au moyen de l'angle observé sur le terrain entre cette aiguille et l'alignement de deux objets B, M, dont la position est connue et fixée par des opérations précédentes.

Menez à cette droite une parallèle (1) par le FIG. 17.

_____

(1) On peut se servir de l'équerre de bois pour mener ces

point B et une autre par le point M; ensuite faites au point B, avec un rapporteur, un angle sBC égal à l'angle BCn du terrain, et menez au crayon un rayon indéfini BC.

Faites de même au point M un angle CNs égal à l'angle nCM; enfin, menez une ligne indéfinie MC, qui rencontrera la précédente en un point qui représentera celui C du terrain.

On fera la même opération au point trigonométrique Z, c'est-à-dire, qu'on fera sur le plan l'angle sZc' égal à l'angle nCZ mesuré sur le terrain; si l'on a bien opéré, le rayon Zc' prolongé passera sur le point C.

Cela étant, par ce point C qu'on vient de placer, on mènera une parallèle à l'aiguille aimantée, et on fera avec le rapporteur les angles nCK, nCD, respectivement égaux à leurs homologues mesurés sur le terrain; on tirera les rayons CK, CD, auxquels on donnera autant de parties de l'échelle que ceux qu'ils représentent sur le terrain contiennent de mètres.

Par le point D, par exemple, qu'on vient de placer, on mènera une nouvelle parallèle, et par le secours du rapporteur et des observations écrites

---

parallèles : par exemple, fig. 16, si l'on veut avoir GH parallèle à AB, on élèvera d'abord sur cette dernière ligne une perpendiculaire indéfinie passant par le point donné G, puis on élèvera sur IC une perpendiculaire GH, qui sera la parallèle demandée.

sur le canevas ou sur le registre, on fixera les points E et F.

Enfin, on placera de cette manière tous les autres points observés sur le terrain.

Je fais remarquer que, si, en observant la valeur des angles, on est allé du point C au point E sans observer au point D, comme on a dit au n° 66 qu'on pouvait le faire, il faudra, pour placer le point E, prendre le supplément de l'angle nED, et opérer comme si l'observation avait été faite en D.

De même, pour fixer le point F sans faire d'observation en D, on fera à ce dernier point un angle nDF égal au supplément de l'angle nFD observé, et ainsi des autres.

Remarque. Un plan levé à la boussole peut aussi être rapporté avec cet instrument même; mais des praticiens ont remarqué que le travail était plus long, et qu'il fallait avoir soin de ne pas se mettre trop près des portes et croisées, à cause du fer : on indique qu'il faut en être éloigné de quatre à cinq pieds; que la table sur laquelle on travaille doit être sans clous, et éloignée d'environ trente pieds d'une rampe d'escalier ou autres ferremens considérables; enfin, que les pointes d'un compas ne peuvent pas en approcher de plus de six pouces. *Voyez la note du* n° 74.

MARCHE

que l'arpenteur doit suivre en faisant le parcellaire.

---

94. Le Recueil méthodique, en définissant ce qu'on entend par *parcelle* (60), a indiqué toutes celles que les géomètres doivent figurer sur leurs plans parcellaires, et les précautions qu'ils doivent prendre pour connaître les propriétaires des parcelles, tels qu'ils existent au moment de l'arpentage..

Voici ce qui est prescrit, avec quelques développemens.

R. M., 166.
A mesure que le géomètre-arpenteur lève le plan d'un canton, il en donne avis au maire, qui prévient les propriétaires de l'époque où les travaux du parcellaire doivent s'exécuter dans *telle* partie de la commune, afin qu'ils assistent par eux, ou par leurs fermiers, régisseurs ou autres représentans, à l'arpentage de leurs propriétés, et qu'ils fournissent tous les renseignemens propres à en établir les limites.

Ibid., 169.
Si les propriétaires, ou leurs représentans, ne se rendaient pas à cette invitation, le géomètre-arpenteur procéderait néanmoins à ses opérations (1).

Ibid., 170.
Il est autorisé à prendre des indicateurs que le

---

(1) Indépendamment de cet avis, l'arpenteur peut écrire aux propriétaires, fermiers ou régisseurs, pour les prévenir qu'aucun motif ne peut retarder la continuation de son travail, et qu'il est, par conséquent, de leur intérêt qu'ils se rendent à

maire lui désigne; il est chargé de leur salaire, et
M. le maire doit attester par la suite qu'ils ont été
payés. Ces indicateurs doivent être pris parmi les
cultivateurs de la commune qui en connaissent le
mieux le territoire et les habitans. Règt du 10 octob. 1821, art. 16.

R.M., 171.

95. Le géomètre fait l'arpentage des propriétés, Ibid., 175.
d'après la jouissance au moment où il opère, sans
avoir égard aux contestations qui peuvent exister
entre les propriétaires; cependant, en cas de contestation, il cherche à concilier les parties, et, dans Ibid., 176.
le cas de non conciliation (1), s'il y a des limites
apparentes, elles sont tracées sur le plan par des Ibid., 177.
lignes ponctuées, en assignant à chacun ce qui paraît lui appartenir au moment de l'arpentage, sauf
à rectifier si les parties font juger leur contestation
avant que le plan soit terminé (voyez le n° 156).

Si les limites ne sont point apparentes, on ne
fait d'abord qu'une parcelle de toute la propriété Ibid., 178.
en litige; sauf à diviser la contenance totale entre
eux, lorsque la contestation sera jugée; si le géomètre n'est plus sur le terrain lors du jugement de la
contestation; ou lorsqu'ils se sont conciliés, il est Ibid., 180.
payé de ce nouveau travail par les parties intéressées, soit de gré à gré, soit sur le règlement du

___

l'invitation de M. le maire, surtout s'ils ont des observations
à faire sur les limites de leurs propriétés.

(1) L'arpenteur en informe le géomètre en chef, et celui-ci Instruction
le directeur, qui en rend compte au préfet, pour que ce ma- du 20 avril.
gistrat invite le tribunal à accélérer le jugement.

préfet, d'après la proposition du géomètre en chef, et le rapport du directeur des contributions.

Il doit arriver souvent, dans les pays de grande culture, que, sans être en contestation, des propriétaires dont les biens sont contigus ne pourront pas indiquer les limites de leurs propriétés, parce que le même fermier qui les cultive n'en fait qu'une seule et même pièce : dans ce cas, on opère encore comme il est dit ci-dessus, mais le géomètre-arpenteur doit faire toutes les démarches nécessaires pour se procurer, soit par les titres, baux, ou anciens arpentages, la connaissance de l'étendue et de la situation des diverses parcelles, ainsi que les noms des propriétaires, afin de pouvoir figurer ces parcelles sur son plan. En demandant ces renseignemens aux propriétaires ou à leurs représentans, il les prévient qu'ils ne doivent pas différer de les lui procurer, ou de rétablir leurs limites, parce qu'aucun motif ne peut retarder son opération.

R. M., 179.

Ibid., 183. 96. Lorsqu'un bois se divise entre plusieurs particuliers, ils sont invités à faire ouvrir les laies nécessaires pour pouvoir mesurer séparément leurs propriétés; ils peuvent préférer déclarer la situation et l'étendue de la portion qui appartient à chacun d'eux, de manière que l'arpenteur puisse figurer toutes les portions sur le plan, et que les contenances partielles s'accordent avec la contenance totale du bois.

S'il y avait incertitude, on se conduirait comme dans l'article précédent.

Si une portion du bois appartient au gouverne- R. M., 182.
ment ou à la commune, le géomètre se fait autoriser à ouvrir les laies nécessaires, conformément
aux règlemens de l'administration générale des
forêts, c'est-à-dire que, sur la proposition de l'arpenteur, le géomètre en chef en fait la demande
au préfet.

97. Lorsqu'une propriété est possédée par indi- Ibid., 185.
vis, le maire, sur l'avis du géomètre-arpenteur, fait
inviter les propriétaires à effectuer le partage. Si
ce partage ne peut avoir lieu tandis que ce'dernier
est sur le terrain, il figure sur le plan la propriété Ibid., 186.
indivise, qui ne fait alors qu'une seule parcelle.

98. On ne fait qu'une seule et même parcelle de Ibid., 142.
la maison d'habitation, de la cour et des bâtimens
ruraux, lorsque le tout appartient au même propriétaire, et qu'il y a contiguité; cependant, deux
maisons contiguës, ayant chacune sa porte d'en- Ibid., 146.
trée, font deux parcelles, quoiqu'appartenant au
même propriétaire.

Pour concilier ces deux articles de l'instruction,
je pense qu'on doit comprendre la cour et les bâtimens ruraux avec le n° de l'une de ces maisons.

Une maison appartenant à plusieurs proprié- Ibid., 147.
taires, dont l'un a le rez-de-chaussée, et les autres
les étages supérieurs, ne forme qu'une parcelle
pour le rez-de-chaussée. Les co-propriétaires sont
seulement inscrits au tableau indicatif qu'on formera de toutes les propriétés de la commune.

Dans les villes, on ne fait qu'une seule et même Ibid., 143.

parcelle de la maison, de la cour, des bâtimens et du jardin d'agrément qui leur est contigu, lorsqu'il n'excède pas vingt perches métriques. Le préfet peut même décider que la superficie des villes ne sera point levée, pour accélérer l'opération et diminuer les frais.

Règt du 10 octobre, art. 9.

En opérant ainsi, on n'aurait plus l'ensemble de la commune, et le tableau d'assemblage ne présenterait pas, dans cette partie, tous les détails qu'on désire avoir pour la carte de France.

R. M., 144.

Les églises, les monumens ou édifices publics forment parcelles.

99. Un bâtiment souterrain, ou une cave dont la superficie ne sera point bâtie, formera, pour cette superficie, une parcelle distincte du terrain qui l'environne; mais si la superficie appartient à un propriétaire, et la cave ou souterrain à un autre, ils seront tous deux inscrits au tableau indicatif, en commençant par celui de la superficie qui forme parcelle.

Ibid., 148.

100. Les carrières et mines, y compris les réserves d'eau, les déblais, et les chemins qui ne sont qu'à leur usage, les canaux non navigables destinés à conduire les eaux à des moulins, forges et autres usines, ou à les détourner pour l'irrigation, forment *parcelles*. Il en est de même des manufactures et usines de toutes espèces.

Ibid., 379, 387 et 397.

101. Une masse de terrain appartenant au même propriétaire, et dans laquelle se trouvent des natures absolument distinctes, comme des prés, des

Ibid., 132.

bois, des terres, etc., forment autant de parcelles qu'il y a de natures différentes ; cependant, les R. M., 139. mares, les amas ou dépôts de pierres, les rochers, les réservoirs et autres pièces d'eau, ne forment parcelles que lorsque leur contenance excède *deux perches métriques*. Je pense qu'on pourrait porter cette contenance à neuf ou dix ares pour les amas ou dépôts de pierres, et pour les parties en rochers (1); il avait été décidé, dans un des départemens de l'Ouest, que ces portions de terrain formeraient parcelles, quand elles seraient environ du dixième du champ dans lequel elles se trouvent.

Les petites parties de terres incultes, les broussailles, bouquets d'arbres, etc., qui sont sur le bord Ibid., 138. ou au milieu des parcelles, ne sont point distingués sur les plans. Il en est de même des bordures en arbres fruitiers ou forestiers, ou en vignes.

Il n'y aurait cependant pas d'inconvénient à parceller ces objets, dans le cas d'une contenance assez grande, environ neuf à dix perches métriques. Cela semble même nécessaire pour aider l'expert dans son évaluation. La même administration de l'Ouest avait également décidé que, lorsque dans un champ il se trouverait, le long d'une haie, une partie constamment en prairie ou en broussailles, bouquets de bois, etc., cette portion recevrait un numéro si

_____

(1) Alors cet article se concilierait mieux avec les nouvelles instructions, qui recommandent expressément de ne faire que les parcelles indispensables (114).

elle excédait la largeur ordinaire d'une *forière*, qui est d'environ dix mètres. Ces parcelles, qui appartiennent au même propriétaire que le champ dans lequel elles sont prises, et dont les limites ne sont point fixes, doivent être tracées sur le plan par des lignes coupées, semblables à celle-ci : — ·· — ·· —

R. M., 133. 102. On ne considère point comme natures distinctes, des terres qui ne diffèrent que par leur assolement; de même, lorsque dans un champ il se trouve une partie en terre labourable et l'autre partie en prairie, si une de ces natures n'est que

Ib., 136, 137. provisoire, l'arpenteur n'y aura point égard; et ne fera qu'une seule parcelle sous la dénomination de la culture dominante. La culture accessoire est indiquée au tableau indicatif.

103. Un terrain d'une même nature, appartenant au même propriétaire, mais divisé en plusieurs parties par des haies, fossés, murs, chemins pu-

Ibid., 134. blics, ruisseaux ou autres limites fixes, forme autant de parcelles que de divisions (60), quoique portant toutes le même nom.

Ibid., 135. 104. On ne regarde point comme limites fixes, un sentier ou chemin de servitude ou d'exploitation, à moins que le chemin de servitude soit invariable et bordé de haies, ou qu'il sépare deux champs ayant un nom différent.

Le mur de soutènement ou terrasse n'est pas non plus considéré comme limite fixe. Il en est de même d'un simple ruisseau ou rigole d'écoulement ou d'irrigation; on pourrait y comprendre les ruis-

seaux dont la largeur n'excède pas un demi-mètre ;
ces petits ruisseaux pourraient être indiqués à vue
sur le plan par un filet de couleur, quand ils se
trouvent dans la même propriété.

105. Les chemins et sentiers variables qui cou- R. M., 151.
pent des propriétés, sont seulement ponctués sur
le plan, comme on l'a déjà vu, et les parcelles
ainsi coupées ne reçoivent qu'un seul numéro. Il
devient alors indifférent de donner à ces chemins
ou sentiers leur véritable position, attendu que les
propriétés situées de part et d'autre appartiennent
aux mêmes propriétaires. Cette disposition, ainsi
que celle de l'article suivant, viennent encore
d'être recommandées par la circulaire du 8 septembre 1824.

Remarque. Les chemins de servitude invariables, dont il est parlé à l'article précédent, qui se
trouvent au milieu des propriétés d'un même propriétaire, et qui ne servent qu'à desservir ces biens,
doivent être figurés sur le plan en ligne pleine ;
mais leur contenance doit être calculée avec les
parcelles qui leur sont adjacentes ; alors le géomètre-arpenteur met sur son plan une indication suffisante pour que le calculateur comprenne ces chemins de servitude dans le calcul des numéros voisins.

Si un chemin servant à l'exploitation n'était pas
dans la même propriété, et qu'il servît aux parcelles qui lui sont contiguës, chaque propriété adja-
cente supporterait la contenance de ce chemin
proportionnellement à sa superficie.

Mais si ce même chemin ne servait point à l'exploitation des parcelles qui le touchent de part et d'autre dans sa longueur, et qu'il ne fût nécessaire que pour les propriétés qui sont à son extrémité, ainsi que cela arrive souvent, dans ce cas, il ne serait pàs juste d'opérer comme ci-dessus, et l'on doit alors comprendre la contenance de cette servitude dans celle des chemins publics.

R. M., 145. 106. On ne figure point sur les plans les détails d'agrément des parcs, ou jardins de plaisance, fermés de murs, haies ou fossés, quoique divisés en massif par de petits chemins sinueux, excepté les bâtimens d'habitation ou ruraux qui s'y trouvent, qui sont figurés sur le parcellaire. Le reste ne forme qu'une seule parcelle. On entend par détails d'agrément, les parterres, avenues, allées sablées, les fossés, bosquets, rochers, pièces d'eau, rivières artificielles, gazons et autres objets d'embellissement.

107. Je pense 1° que les avenues qui sont limitées par des murs, haies ou fossés, doivent former parcelles, quand elles ne font point partie de la voie publique.

Si les arbres qui sont sur le bord d'un chemin appartenaient au propriétaire voisin, il faudrait les comprendre dans la parcelle riveraine, alors même qu'ils seraient hors du fossé qui limite cette propriété riveraine; ce qui peut s'indiquer par un ponctué, pour y avoir égard lors du calcul des contenances.

2° Les fossés larges et profonds, remplis d'eau,

qui se trouvent autour des jardins ou des bâtimens,
doivent former parcelle s'ils contiennent du poisson, à moins qu'ils ne communiquent à un étang
ou à une pièce d'eau, auquel cas ils y sont confon-
dus. Si ces fossés ne contiennent pas de poisson,
et s'ils ne touchent pas à une autre pièce d'eau,
ils sont compris avec les jardins ou les cours et
bâtimens dont ils sont la clôture.

3° Enfin, qu'on doit, dans les carrefours et autres endroits semblables, distinguer l'excès de la
voie ordinaire des chemins, lorsque la surface de
cet excès est au-dessus de *cinq à six perches métriques;* alors cette parcelle est portée au nom des
habitans du village voisin, si elle n'est réclamée
par aucun propriétaire.

108. Il y a des départemens où les conseils généraux ont demandé la distinction des propriétés
par *domaine;* dans ce cas, une masse de terre ou
de pré faisant partie de plusieurs domaines qui
appartiennent à un même propriétaire, formera
autant de parcelles que de domaines, alors même
qu'il n'y aurait ni haies, ni murs, ni fossés, pour
séparer ces parcelles.

Si la même masse de terre ou de pré, au lieu
d'appartenir au même propriétaire, appartient à
plusieurs, elle formera d'abord autant de parcelles
que de propriétaires, plus la division par domaine, s'il y en a.

109. On se borne à lever par masses les *terrains* R. M., 150.
militaires dans les villes de guerre ou places for-

tes, sans pouvoir lever en détail les contours de la fortification.

R. M., 152. 110. Les terrains connus, dans les départemens où il existe de hautes montagnes, sous la désignation de *glaciers*, ne sont pas levés ; les géomètres arrêtent leurs opérations à l'endroit où la terre cesse d'être productive. Il en est de même des masses de rochers entièrement dénuées de terre, lorsque plusieurs communes aboutissent à ces masses non productives ; mais lorsque des masses pareilles appartiennent en totalité à la même commune, elles sont levées comme les autres propriétés. -

Ib., 153, 155. 111. Les *fleuves* et les *rivières* ne seront levés que jusqu'à l'endroit où leur nature change par le mélange de leurs eaux avec celles de la mer. S'il s'élève des contestations sur la ligne de démarcation, le directeur en fait son rapport au préfet, et le géomètre-arpenteur se conforme à la décision de ce magistrat.

Ib., 154, 156. 112. Les *dunes*, quoique non cultivées, ainsi que les terrains arides situés le long des côtes, et au-dessus de la ligne que tracent les eaux de la mer dans leur plus grande élévation, sont figurés sur les plans. Quant aux *rades* et *laisses de mer*, elles ne font point partie des plans parcellaires ; on arrête la limite à la ligne de la haute mer : il en est de même des *pêcheries* qui ne consistent que dans des filets tendus le plus loin possible, et que la mer couvre deux fois par jour ; mais les terrains qui ont été abandonnés par la mer ou lui ont été enlevés, doivent être compris dans les plans. L'arpenteur se borne à figurer approximativement sur son plan les laisses de mer qui ne doivent pas faire parcelle, et qui, par cette raison, ne sont point payées.

R. M.,
160, 161.

113. Les masses considérables ou grandes parcelles absolument stériles, telles que celles formées par les montagnes arides, les glaciers, les fleuves et rivières à leur embouchure dans la mer, les lacs et étangs très-étendus et non productifs, les dunes, landes non imposables, ne doivent pas être levés lorsque la contenance est d'environ 400 *arpens métriques.*

Néanmoins, quand l'arpentage d'une de ces masses est reconnu nécessaire, le directeur en fait, sur la proposition du géomètre en chef, son rapport au préfet, et le ministre se réserve d'autoriser spécialement l'opération.

114. *Remarque.* Il est expressément défendu aux géomètres-arpenteurs de multiplier abusivement les parcelles. Celui qui se rendrait coupable de cette infraction aux règlemens, serait privé de sa commission ; l'inspecteur des contributions est chargé de veiller à l'exécution de cet article du règlement, et la circulaire du 8 septembre 1824 charge le contrôleur de constater par un rapport particulier les abus qu'il aura remarqués à cet égard, ou de certifier qu'il n'en existe pas.

Cre du 17
février 1824,
art. 13 et 19.

La même circulaire signale particulièrement l'abus des parcelles qu'on a remarqué dans l'arpentage des bois, où l'on a mis autant de numéros que les routes d'agrément ou d'exploitation formaient de divisions, et ces routes elles-mêmes ont reçu des numéros distincts; ou bien encore, par un autre abus, elles ont été calculées avec les chemins publics. Ces routes d'agrément ou d'exploitation faisant essentiellement partie des propriétés qu'elles traversent, ne doivent point former de numéros ; elles sont calculées avec les bois dans lesquels elles se trouvent.

Finalement, l'arpenteur doit éclairer, pendant son séjour dans la commune, les propriétaires sur le grand intérêt qu'ils ont à ce que leur parcellaire soit bien exécuté : sous le rapport de l'égalité de la répartition, il leur sera déjà très-utile; mais il leur offre un avantage plus précieux encore, celui de délimiter invariablement leurs propriétés,

Instruction du 20 avril. Un extrait de l'atlas, qu'un propriétaire acquerrait pour un prix très-modique (141), peut devenir pour lui un *terrier* aussi parfait que l'étaient ceux que les anciens seigneurs faisaient exécuter à grands frais. Les propriétaires saisiront sans doute cette occasion unique d'assurer leurs droits, et de donner à leurs possessions des titres incontestables et permanens.

Avant de quitter la commune, le géomètre-arpenteur préviendra le maire et les propriétaires de quelle importance il est pour eux d'examiner soigneusement les bulletins de leurs propriétés qui leur seront communiqués, et d'y faire leurs observations. Il les préviendra encore que l'arpentage parcellaire se fait en portant la chaîne horizonta-

lement, ce qui donne évidemment moins de surface
aux terrains en pente que si on les mesurait en
appliquant la chaîne suivant les diverses inclinai-
sons du terrain.

Le géomètre-arpenteur doit leur démontrer par   R. M., 710.
des exemples que les plans parcellaires ne peuvent
se faire que d'après des mesures horizontales, et
qu'ils ne doivent pas regarder comme erreur de contenance celle qui ne résulterait que de la différence
des deux méthodes de mesurer, indépendamment
de la tolérance du cinquantième (136).

Il peut leur apporter pour exemple, qu'un terrain
ne produisant, en général, que selon son étendue de
niveau, l'arpentage d'un champ en pente doit se réduire à l'étendue de sa base productive, c'est-à-
dire, au plan horizontal de cette base, et que le
cultivateur se trouverait lésé si son champ n'était
pas calculé selon sa base de niveau.

Indications.

115. Lorsque le géomètre-arpenteur a terminé
le levé du plan, il se concerte avec le maire de la
commune pour faire la division en sections ; puis
il s'occupe à prendre les noms des propriétaires
et des propriétés de chaque parcelle, et il les inscrit sur un tableau indicatif provisoire.

Il doit s'attacher à bien connaître les véritables
propriétaires, et il est nécessaire que le maire   R. M.,
lui donne les indicateurs dont il a besoin (94), afin   170, 171.

que les renseignemens se trouvent exacts (1).

R. M.,
172, 174.

L'arpenteur met au crayon sur le plan un numéro provisoire à chaque parcelle, et à mesure
qu'il connaît le propriétaire d'une de ces parcelles,

Modèle n° 8. il le porte sur une feuille indicative provisoire,
imprimée ou tracée à la main.

Quand on a porté un numéro sur cette feuille
indicative, il faut laisser assez d'espace entre celui-ci et le suivant pour pouvoir rectifier les renseignemens qui auraient été mal donnés.

Indépendamment des renseignemens des indicateurs, le géomètre en obtiendra encore des propriétaires et des fermiers; car on a déjà vu que
ceux-ci étaient invités à assister à l'arpentage de
leurs propriétés pour en montrer les limites; d'ailleurs, l'arpenteur doit avoir soin de consulter les
fermiers, en allant chez eux si cela est nécessaire.

R. M., 172. L'instruction prescrit de prendre les indications
d'une portion de terrain aussitôt que l'arpentage
en est terminé. Je pense qu'en général il vaut
mieux attendre que toute la commune soit levée,
parce que des parcelles pourraient changer de

---

(1) Il doit être spécialement recommandé, tant aux géomètres commissionnés qu'à leurs collaborateurs, de mettre dans
leurs rapports avec les maires des communes, tous les égards
et les ménagemens dus à des fonctionnaires qui consacrent
gratuitement leur temps au bien des administrés, et dont l'u-
tile concours peut, en beaucoup de circonstances, applanir les
difficultés qui tendraient à retarder la marche des travaux.

propriétaire dans l'intervalle du commencement
de l'arpentage à la fin.

Lorsque le géomètre n'a qu'une parcelle pour
une portion de terrain appartenant à plusieurs
propriétaires, mais dont les limites sont incer-　R. M., 178.
taines ou contestées, il porte sur son plan et sur
la feuille indicative autant de numéros qu'il y a de
propriétaires prétendans. On peut mettre sur cette
feuille, par exemple :

3. . . $\left\{\begin{array}{l} \textit{Morin, François....} \\ \textit{Lecontre....} \\ \textit{Beauval....} \end{array}\right.$

Lorsqu'on ne pourra connaître avec certitude le
nombre de parcelles contenues dans un périmètre
déterminé, on ne mettra d'abord, dans cette figure
de masse, qu'un seul numéro, qu'on portera comme ci-dessus, sur la feuille provisoire, à gauche
d'une accolade,

5. . . $\left\{\rule{0pt}{36pt}\right.$

et lorsqu'on aura obtenu les renseignemens nécessaires pour faire les détails de ce périmètre, on
écrira dans l'accolade les noms et demeures des
propriétaires.

On ne fait aucune distinction des propres de la　Ibid., 194.
femme d'avec ceux du mari lorsqu'il y a commu-
nauté de biens , on porte tout sous le nom de ce
dernier; mais quand il y a décès de l'un ou de l'au-

tre, les propres du survivant doivent être mis particulièrement sous son nom.

R. M., 195.　Quand un propriétaire est décédé, et qu'il n'y a pas eu de partage de ses biens, ils doivent être mis sous le nom collectif des héritiers : si ces biens n'ont pas été partagés, on les porte sous le nom de la veuve et des héritiers collectivement.

Ibid., 187.　Les parcelles qui sont indivises entre plusieurs propriétaires, sont portées sous le nom de celui qui a la portion la plus forte dans la propriété indivise. En cas d'égalité de portion, on prend le nom qui se trouve le premier dans l'ordre alphabétique ; on porte néanmoins un propriétaire demeurant dans la commune de préférence à un autre qui n'y serait pas domicilié.

Ces indications sont portées sur la feuille en cette manière :

N° 5o. *Labrune* (*Jean-François*) et consorts.

Ibid., 147.　Lorsqu'une maison a plusieurs étages qui appartiennent à plusieurs propriétaires, celui du rez-de-chaussée se met sur la feuille, vis-à-vis le numéro, et les autres co-propriétaires sont inscrits à la suite, comme on l'a déjà dit.

Ib., 817,818.　Toutes les propriétés appartenant à une commune, connues sous le nom de *biens communaux*, sont portées au nom *de la commune propriétaire*, et les terrains qui ne sont communs qu'à une portion des habitans de la commune, sont portés sous l'indication collective suivante :

Les habitans propriétaires du village de.....

116. Dans plusieurs des départemens de l'Ouest, R. M., 196. il existe deux genres de propriétés : les métairies, ou les *tenures* ou *convenans*, en domaines congéables. On applique à chaque numéro d'une même tenure le nom du propriétaire foncier et celui du *tenuyer* ou *tenancier*, parce que les droits de ces Ibid., 197. deux personnes sont distincts.

Cette disposition est applicable aux tenures des vignes à devoir du tiers ou du quart, aux closeries et aux borderages, qui se transmettent ordinairement avec les propriétés qui les composent.

117. Quand le géomètre-arpenteur a recueilli les renseignemens sur le terrain, il fait une liste des propriétaires de la commune (l'instruction prescrit de prendre d'abord cette liste sur le rôle, comme document à consulter), d'après les indications qui lui sont données ; elle contient les noms, prénoms, professions et demeures (1), et il ajoute à chaque article les numéros qui lui appartiennent, en ayant soin de laisser entre chaque propriétaire un nombre de lignes en blanc égal à celui des sections dans lesquelles il se trouve avoir des parcelles.

_____

(1) Il est à désirer que cette liste se fasse de concert avec le maire et le percepteur des contributions ; le géomètre en chef peut se la faire représenter comme nouvelle pièce, qui donne le complément du degré d'exactitude qu'on peut espérer d'obtenir.

Par exemple, si le propriétaire suivant a des biens dans une commune qui contient trois sections, A, B, C, si l'on ne sait point dans quelles sections ces biens sont situés, on écrira :

'*Adam (Jean-Jacques)*. .$\left\{\begin{array}{l}\text{A. 3. 8. 150. 352.} \\ \text{B.} \\ \text{C. 27. 37. 548. 720.}\end{array}\right.$

et on mettra les numéros à chaque section, à mesure qu'on les trouvera en faisant le dépouillement.

Lorsqu'on est certain qu'un propriétaire n'a pas de biens dans une section, on peut se dispenser de laisser la place de la lettre qui représente cette section.

R. M., 205. 118. Quand cette liste est achevée, le géomètre-arpenteur donne connaissance aux propriétaires ou fermiers, qu'il fait appeler à la mairie, des indications qui lui ont été fournies.

Les indicateurs devraient être présens à cette reconnaissance, et l'arpenteur a soin de commencer par les propriétaires dont il croit tirer le plus de renseignemens.

Il est essentiel de porter son attention sur l'orthographe des noms, pour qu'un même propriétaire soit désigné de la même manière dans toutes les communes où il a des propriétés. Par ce moyen, on évite les doubles emplois, et l'on rectifie les erreurs qui peuvent avoir été commises lors des indications partielles.

Si le défaut d'indication donne lieu à quelque

opération sur le terrain, et même à des incertitu-
des, le géomètre convient avec les propriétaires
ou fermiers du jour qu'ils se rendront sur les lieux,
pour lever les doutes et pour achever le travail.

Par exemple, sur l'indication que lui donnent
les propriétaires du n° 5, indiqué au registre provisoire, l'arpenteur lève les parcelles de ce numéro, que je suppose de 4, et le premier numérotage
devient sur le plan 5, 5', 5", 5'", et on remplit l'indication provisoire, c'est-à-dire, qu'on met les
noms vis-à-vis les numéros en cette manière :

$$5 \ldots \begin{cases} 5 & \textit{Mourier....} \\ 5' & \textit{Lebreton....} \\ 5'' & \textit{Lecourbe...} \\ 5''' & \textit{Courcelle....} \end{cases}$$

Après cette opération, il est évident que le n° 6
du numérotage provisoire deviendra le n° 9 dans
la numérotation définitive.

Il arrivera encore que l'indicateur fera mettre à
une propriété plusieurs numéros, tandis qu'elle
n'appartient qu'à un seul propriétaire : par exemple, si les n°s 130 et 131 du numérotage provisoire
étaient de la même nature; qu'ils appartinssent au
même propriétaire, et qu'ils ne fussent séparés
que par des bornes, on réunirait ces numéros sur
la feuille provisoire, comme il suit :

$$\left. \begin{matrix} 130\ldots \\ \\ 131\ldots \end{matrix} \right\} \textit{Bourdeau....}$$

et l'on effacerait les propriétaires qui étaient vis-à-vis de chacun de ces numéros.

Dans ce cas, le n° 132 du registre provisoire deviendrait le n° 131 du tableau indicatif,.... etc.

R.M., 211. Enfin, les parcelles dont le géomètre-arpenteur ne pourra connaître les propriétaires, seront portées comme appartenant au domaine public; alors il rédige un procès-verbal qui est signé du maire, constatant les démarches qu'il a faites pour se procurer le nom des propriétaires de ces parcelles. Un relevé de ces numéros est adressé avec le procès-verbal au géomètre en chef, qui le remet au directeur des contributions.

Numérotage définitif.

119. Lorsque le géomètre-arpenteur a pris toutes les précautions qui peuvent assurer l'exactitude des renseignemens qui lui ont été donnés, et qu'il n'existe plus d'incertitude sur aucune partie, il numérote définitivement son plan à l'encre de la Chine, en ayant soin de faire suivre les numéros des masses de terrain de différentes natures qui portent le même nom, et qui appartiennent au même propriétaire; d'ailleurs, chaque section doit avoir une série non interrompue de numéros, en commençant par 1. Ce premier numéro doit être placé vers le nord de la section, toujours à la partie supérieure gauche ou droite de la feuille, suivant que le nord se trouve tourné vers l'un ou l'autre de ces points, et en se dirigeant de réage en réage.

On termine le numérotage le plus naturellement possible, lorsqu'il n'y a qu'une feuille à la partie opposée.

Si la section contient plusieurs feuilles, ce numérotage est terminé de manière à ce que le dernier numéro de la première feuille se trouve à côté du premier numéro de la seconde feuille.

Dans le numérotage des villages, il sera souvent nécessaire d'indiquer par une petite flèche, ou seulement par un ponctué, de quel bâtiment une cour dépend, pour éviter toute équivoque avec la propriété voisine.

On fera en sorte d'éviter les numéros *bis* et les numéros *nuls;* cependant, si on ne pouvait les éviter, on les indiquerait dans un des angles de la feuille du plan, sur lequel ces numéros se trouveraient.

On y mettra également les numéros non *imposables,* s'il y en a; ces numéros sont :

Les églises et les temples consacrés à un culte public, les cimetières, les archevêchés, évêchés, séminaires, les presbytères et jardins y attenant, les forêts et les bois royaux inaliénables, les domaines royaux et les biens de la dotation de la couronne, et en général tous les bâtimens destinés à un service public.

Copie au net du tableau indicatif.

120. La numérotation définitive étant achevée

24

sur toute une section, le géomètre-arpenteur rédige la copie au net du tableau indicatif sur des feuilles Modèle n° 9. imprimées, pour que le propriétaire puisse se reconnaître lorsqu'on lui communiquera son bulletin : dans les pièces où l'arpenteur a été obligé de faire plusieurs parcelles, on ferait bien d'indiquer dans ce tableau indicatif que tous les numéros de cette pièce renfermés par une accolade ne sont que des divisions du même champ; cette indication pourrait s'écrire ainsi : *même pièce.*

Voyez encore ce qui est dit à cet égard au n° 58.

Les tableaux indicatifs doivent être écrits avec soin, et il suffit de désigner une seule fois sur chaque tableau un propriétaire par sa demeure et sa profession : dès qu'on a donné ces indications au premier numéro, il n'est plus besoin pour les autres numéros que du prénom, et même du nom, si ce propriétaire est seul de son nom : on ne mettra point d'*idem* dans la colonne des natures de culture, ni d'abréviations inintelligibles, et on aura soin de ne faire aucune rature ni surcharge, et surtout de ne point laisser d'incertitude dans la désignation des propriétaires et des propriétés. Les colonnes des contenances sont remplies par le géomètre en chef, et la dernière concerne l'expertise.

Chaque section a son tableau indicatif, en tête duquel on met le nombre effectif des numéros qu'il contient, en énonçant les numéros bis et les numéros nuls. Ce nombre doit être le même que celui que le géomètre obtient, en faisant l'addition par section, des numéros portés à la liste de tous les propriétaires. Les tableaux indicatifs sont couverts d'un papier fort, et cousus solidement.

121. Quand les tableaux indicatifs sont achevés, Mod. n° 10. on peut s'occuper de l'état nominatif de tous les co-propriétaires des biens indivis (115).

On indique sur cet état la portion de chacun dans l'indivis, et lorsque les contenances sont connues, le géomètre en chef remplit ce qui est relatif aux superficies ; ce tableau, certifié par ce dernier, est joint au tableau indicatif pour servir de renseigne- R. M., 188. ment, tant pour les noms des co-propriétaires, que pour leurs droits respectifs.

Écritures et points de contact.

122. Les limites des communes qui traversent des propriétés, seront tracées en cette manière : — — — — — — — — ;

Le point de contact de deux départemens s'indique ainsi : x . x . x . x . x . x . x ;

Celui de deux communes, sections ou feuilles, par : — .. — .. — .. — .: — ;

Ces signes seront dirigés dans le sens de la commune, de la section ou de la feuille qui limite.

Les écritures doivent être disposées dans le sens de la longueur de la feuille, et placées de manière à ne pas nuire à la netteté des détails.

On écrit en petite ronde ou en petite bâtarde le nom des grandes routes, des chemins publics, rivières, ruisseaux, ceux des villages, des fermes, et en général tout ce qui peut contribuer à l'intelligence du plan.

Le nom des cantons, triages ou lieux dits, lorsqu'il sera nécessaire de les distinguer, seront écrits avec un caractère un peu plus gros, et ces écritures seront croissantes pour chacun des objets ci-après :

Le nom du chef-lieu ;

Le nom des sections et des feuilles limitrophes ;

Le titre et le nom des communes limitrophes.

Ces écritures se font ordinairement en bâtarde, excepté les lettres alphabétiques qui désignent les sections, qu'on écrit en lettres moulées.

Le titre se fait ordinairement dans un ovale, et dans lequel on écrit : *Commune de*
section A, *en* 3 *feuilles, première feuille, terminée le* . . . . .

On met au bas l'échelle qui a servi à rapporter le plan, et une boussole présentant les huit principales divisions.

Les feuilles de développement doivent aussi porter leur échelle, et présenter l'indication du nord, et surtout toutes les annotations nécessaires pour en faciliter le rapprochement de sa véritable situation, ainsi que nous l'avons déjà observé.

On dessinera une petite roue horizontale pour indiquer les moulins à eau et les usines ; les moulins à vent sont représentés en perspectives.

R. M., 239.   123. Enfin, on trace sur chaque feuille du parcellaire une méridienne et une perpendiculaire, de manière que ces deux lignes passant sur l'une des feuilles par le point du chef-lieu (le clocher), elles soient placées sur les autres feuilles à une distance en nombre rond de 250 mètres de ce même point; ces distances sont cotées le long de chacune de ces lignes (1).

Il est important pour le rattachement des feuilles d'y placer des points de *repères*, et dont les numéros se trouvent répétés sur chaque feuille où ces points correspondent. Cette précaution équivaut au moins aux lignes communes qu'on pourrait tracer sur chacune des feuilles limitrophes pour les assembler.

Il n'est pas inutile de circonscrire le plan par des lignes droites, tracées, par exemple, à l'encre bleue, de l'extrémité d'une commune limitrophe à l'autre extrémité, et de tirer des lignes homologues sur le tableau d'assemblage. Si on cote les distances sur ces lignes, et si les points de contact des communes limitrophes sont exactement déterminés, on verra, à la seule inspection des plans, s'il existe une différence sur l'ensemble de leurs limites contiguës.

_____

(1) Pour tracer les méridiennes avec régularité, l'arpenteur peut assembler toutes les feuilles de son plan, tant au moyen de leurs points communs, qu'en faisant usage des distances trigonométriques et géométriques. Lorsque tout est bien d'accord, il trace sur chaque feuille du parcellaire les deux lignes dont il est parlé ci-dessus.

Couleurs.

124. Les couleurs dont le géomètre-arpenteur a
besoin, sont : le carmin, la gomme gutte, le vert
d'eau et le bleu de Prusse (1). On mettra un filet de
couleur différente le long du périmètre de chaque
section, et la même couleur, mais plus faible, autour des grandes masses de terrain qui portent le
même nom, et qu'on désigne par triages ou lieux
dits.

Les limites communes des feuilles d'une même
section peuvent n'être pas passées en couleur.

On met un filet jaune ou bleu autour des portions développées.

Les propriétés bâties reçoivent une teinte de
carmin plate, et on force la ligne du côté de l'ombre, en supposant toujours le nord au haut de la
feuille, et que le jour vient de gauche à droite,
sous l'angle de 45°.

Les rivières, étangs, ruisseaux, mares, viviers,
et généralement tout ce qui est couvert d'eau, sont
distingués avec du vert d'eau, et les forêts royales
et communales avec un filet de vert autour du périmètre. En mettant les rivières à l'encre, on
exprime chaque rive par une seule ligne, tantôt

---

(1) Le carmin et le bleu de Prusse, quand ils sont employés
seuls, doivent être gommés avec de la gomme arabique.

fine et tantôt forte, suivant qu'elle est exposée au jour ou à l'ombre du plan.

Les montagnes se font légèrement avec une teinte formée d'un mélange d'encre de la Chine, de carmin et de gomme gutte, d'après l'esquisse qui en a été faite au crayon sur les plans par les géomètres, à mesure qu'ils opéraient. Ces couleurs doivent être posées de manière à ne pas altérer la pureté des traits du plan. (Le Recueil méthodique et autres instructions ne parlent du tracé des montagnes, ravins et autres accidens, que pour le tableau d'assemblage.)

Les moulins à vent sont mis au carmin , s'ils sont en maçonnerie; il en est de même du batardeau, des moulins et autres usines.

Les ponts de pierre sont représentés par deux lignes droites au carmin.

Enfin , on met une teinte bleue plate dans les édifices publics , pour les distinguer des bâtimens particuliers.

Tableau d'assemblage.

125. Le tableau d'assemblage, ou plan général R. M., 299. de la commune, prescrit par les instructions, doit contenir le périmètre de la commune, la division en sections, les principaux chemins , les montagnes, les rivières , la position du chef-lieu , la maison principale de chaque hameau , les forêts royales et communales , et en général toutes les grandes masses de culture.

(Une copie de ce tableau d'assemblage étant destinée à concourir à la confection de la carte de France, je pense qu'il est nécessaire qu'il contienne tous les chemins publics, ruisseaux, fermes, villages, moulins à eau, à vent,.... etc., qui se trouvent sur la minute du plan).

Ce travail se fait sur le parcellaire; c'est un extrait de ce plan qu'on réduit à l'échelle de 1 à 10000, ou de 1 à 20000, selon l'étendue de la commune, et de manière que le plan orienté *plein nord*, c'est-à-dire, parallélement aux bords du papier, puisse tenir en entier sur une feuille de papier grand-aigle.

Pour faire ce tableau d'assemblage, on peut employer divers moyens.

Prenez une échelle de la dimension que vous voulez faire la réduction (1); tracez sur chaque feuille de la minute des carrés de 250 mètres de côtés, pris avec l'échelle qui lui est relative; ces derniers carrés seront semblables à ceux de l'original.

Les lignes de ces carrés doivent être parallèles à la méridienne et à sa perpendiculaire.

Les carrés étant bien exactement construits sur la minute et sur le papier du tableau d'assemblage, on rapporte dans ceux de la première rangée de la copie, ce qui est dans le correspondant de la

---

(1) On peut se servir de l'échelle qui a servi à construire la minute : si cette échelle est de 1 à 2500, on en prendra le $\frac{1}{4}$ pour la réduction de 1 à 10000, et le $\frac{1}{8}$ pour celle de 1 à 20000.

minute , le tout en proportion, et en suivant les
mêmes rangées en longueur et en largeur,, afin de
ne point se tromper de carré.

Il arrive quelquefois qu'on est obligé de tirer des
diagonales dans les carrés, afin de rapporter avec
plus de précision les différens objets qui s'y trouvent, et qui demandent une attention particulière.

On se sert aussi de l'échelle pour déterminer
certaines longueurs qui ne peuvent l'être par le
moyen des carrés, comme lorsqu'une ligne en traverse le côté, et qu'il est nécessaire d'avoir exactement la distance qu'il y a de l'angle du carré au
point de section, ou lorsqu'une ligne se terminant
dans un carré, on veut savoir sa longueur depuis
le côté jusqu'à son extrémité.

Au lieu d'employer l'échelle pour ces réductions,
on peut faire usage de l'*angle réducteur,* qui n'est
autre chose qu'un triangle *isocèle,* dont deux côtés
représentent, par exemple, 100 parties de l'échelle
de la minute, et le troisième côté le même nombre
de parties de l'échelle du tableau d'assemblage.

Par exemple, soit AC = BC = 100 parties de
la minute, et AB = aussi 100 parties du plan d'assemblage ; une ligne CE de la minute sera représentée sur le tableau d'assemblage par la distance
DE, qu'on obtient en faisant CE = CD ; ainsi des
autres lignes.

Tels sont les moyens qu'on peut employer pour
réduire ou augmenter les plans.

Ces méthodes sont simples, mais elle exigent

25

beaucoup de temps, et deviennent à peu près impraticables pour les plans qui présentent un grand nombre de petits détails.

Il existe des instrumens au moyen desquels on obtient avec autant d'exactitude que de célérité la copie ou la réduction d'un plan à telle échelle que l'on veut.

Ces instrumens sont le *pantographe* et le *prosopographe* ou *micrographe*.

Le pantographe est un instrument précieux et très-commode, mais il est fort cher; le micrographe réunit à l'avantage d'être moins cher celui d'être moins embarrassant. La précision que l'on obtient avec cet instrument, bien fait, est telle que l'on n'a que des différences inévitables dans la pratique; mais il est nécessaire de le vérifier avant de s'en servir.

Pour cela, on examinera si le calquoir, le pivot et le porte-crayon sont en ligne droite, en voyant si ces pièces touchent à la fois le bord d'une règle bien dressée; ensuite on fera tourner le crayon dans son canon, et s'il est bien centré, comme cela doit être, il ne tracera qu'un point.

Enfin, on tracera avec cet instrument deux lignes à peu près perpendiculaires, et l'on examinera si elles ont précisément la longueur qu'elles doivent avoir par rapport à celle de la minute qu'elles représentent; cela étant, on sera assuré de l'exactitude du micrographe, et l'on pourra s'en servir pour réduire le plan.

Si la minute est construite à l'échelle de 1 à 2500,
il faudra monter l'instrument, savoir : au quart, si
le tableau d'assemblage doit être à l'échelle de 1 à
10000, et au huitième, s'il doit être dans la proportion de 1 à 20000.

Quand on se sert du micrographe, « il faut, dit
» M. Puissant, savoir jusqu'où peuvent s'étendre
» les limites de la libre action du calquoir et du
» crayon ; car, pour obtenir des mouvemens
» doux, qui contribuent à la pureté des traits de
» la copie, les règles qui forment losange ne doi-
» vent pas être trop resserrées.

» On tracera donc sur une table bien unie et
» suffisamment spacieuse, l'espace que peut par-
» courir facilement le calquoir, et l'espace corres-
» pondant que parcourt le crayon dans le même
» temps. Ces espaces étant ainsi déterminés, on y
» placera l'original et le papier destiné à recevoir
» la copie, ayant soin de fixer l'un et l'autre sur
» la table avec de la colle à bouche, ou avec des
» *clous à pantographe,* dont la tête est en goutte
» de suif, très-mince, très-large et bien plate par-
» dessous, afin que ces clous n'arrêtent point l'in-
» strument dans sa marche.

» La tige du pivot s'implante dans la table sur
» laquelle on établit la minute, ou est supportée
» par une plaque de plomb que l'on déplace à vo-
» lonté, et qui sert de point d'appui.

» Il est nécessaire que le micrographe soit éta-
» bli et maintenu dans un plan parallèle à celui sur

» lequel on dessine. C'est pourquoi le pivot doit
» être garni d'une embase d'égale hauteur que les
» parties inférieures des tourillons. C'est aussi pour
» cette raison qu'il faut mettre chaque règle et sa
» parallèle par-dessus, et les deux autres par-des-
» sous. Ordinairement, la règle qui porte le cal-
» quoir et sa parallèle s'applique par-dessus les
» deux autres, parce qu'alors on obtient plus de
» hauteur du côté du calquoir, et que l'on a plus
» de facilité pour conduire l'instrument.

» Pour empêcher le crayon de marquer sans
» nécessité, on fait usage d'une longue règle, que
» l'on pose de champ pour soulever au besoin
» celle de l'instrument à laquelle le crayon est
» adapté, prenant toutefois la précaution de ne
» pas forcer les assemblages. Lorsque la minute
» est d'une grandeur telle que le calquoir ne peut
» en parcourir qu'une partie, on trace sur cette
» minute et sur la copie des lignes de repère ou
» des points de raccordement, afin qu'en déplaçant
» le micrographe, on parvienne à le disposer de
» nouveau de manière que toutes les réductions
» partielles se lient et se coordonnent entre elles,
» comme si la minute eût pu être renfermée en
» entier dans le domaine du calquoir lors de la
» première position de l'instrument. Pour cela, on
» porte d'abord le calquoir sur un des points de
» la minute qu'on a déjà réduits, et on amène le
» point correspondant de la copie sur le crayon;
» ensuite, cet instrument étant porté sur un autre

» point de l'original éloigné du premier le plus
» qu'il est possible, on fait tourner la copie au-
» tour du premier point de raccordement, en y
» mettant une aiguille implantée dans la table, et
» on l'arrête quand le second point de raccorde-
» ment se trouve placé sous la pointe du crayon.
» Lorsqu'on est certain que la copie a la position
» requise, on la fixe définitivement sur la table,
» et l'on continue la réduction.

» On pourrait donner une grande longueur à la
» branche qui porte le calquoir, afin qu'elle puisse
» atteindre à une plus grande distance, ce qui évi-
» terait souvent l'embarras de changer l'instru-
» ment de position; et, d'ailleurs, le pivot serait
» placé à une distance plus éloignée du crayon que
» quand les branches sont égales; mais, dans ce
» cas, il faut mettre un support vers le milieu de
» la plus grande règle, pour l'empêcher d'osciller
» lorsqu'on fait mouvoir le micrographe. »

Le tableau d'assemblage étant construit au R.M., 300.
crayon, on passe les traits à l'encre de la Chine,
et l'on y met les mêmes écritures et les mêmes
couleurs que celles qui sont sur la minute du plan,
excepté les indications particulières du procès-verbal de délimitation qui peuvent se trouver sur le
périmètre de la commune, comme les noms des
champs et des propriétaires, etc.

On écrit dans un ovale ou dans une ellipse :

Le département, l'arrondissement, le canton, Ibid., 301.
la commune, la date de l'année de la confection

du plan, les noms du préfet, du directeur, du maire, du géomètre en chef et du géomètre-arpenteur.

On inscrit dans l'intérieur de chaque section sa lettre indicative et le nom qu'elle porte : par exemple, *section* A *du Gros-Chêne.*

Enfin, on trace sur ce tableau une méridienne et sa perpendiculaire passant par le clocher de la commune : l'échelle est mise au bas ; et quant à la boussole, elle est inutile, parce que la ligne dont on vient de parler, que l'on fait passer par le clocher, représente la direction du nord, que l'on met au haut du tableau.

126. Lorsque le tableau d'assemblage est confectionné, l'arpenteur le remet au géomètre en chef avec la minute du plan, le tableau d'assemblage, 'Mod. n° 11. les tableaux indicatifs ; le relevé, par ordre alphabétique, des propriétaires, avec les numéros que R. M. ; chacun possède dans chaque section ; l'état des propriétés indivises ; celui des dimensions des petites Mod. n° 10. parcelles, et celui des mesures locales ; enfin, le Id. n° 3. tableau indicatif de la longueur des lignes et de l'ouverture des angles que forment les différentes lignes du périmètre (3), si on l'exige.

Le géomètre en chef peut aussi demander à l'arRègt du 10 penteur un état de toutes les natures de proprié-octob. 1821, tés que renferme la commune, parce que le direcart. 18. teur peut réclamer cet état, sans attendre l'envoi, qui doit lui être fait par le géomètre en chef, du tableau indicatif et des calques destinés au classement. Les natures de culture que le géomètre doit désigner sur son tableau indicatif, varient selon le pays. Le tableau suivant en présente un aperçu.

Aperçu des natures de culture.

TERRES { Labourables. — Comprennent les terrains où l'on cultive du jan.
Plantées dans l'intérieur.

CHÔME.

CHENEVIÈRES. — Terrain habituellement consacré à la culture du chanvre.

JARDINS { **D'AGRÉMENT.**

POTAGERS. { On y comprend les petits clos situés auprès des maisons, et dans lesquels il y a quelques légumes, du chanvre, du lin, du trèfle, et souvent différentes espèces de graines. Les portions de champ où il se trouve momentanément des légumes, du chanvre, lin, etc., sont mis avec la culture principale et constante.

VIGNES.

PRÉS. { On distingue ceux qui sont plantés dans l'intérieur. Lorsque, dans un champ, il se trouve, le long d'une haie, une partie constamment en prairie, on pourrait faire une parcelle de cette portion, quand elle excède la largeur ordinaire d'une forière, qui est d'environ 10 mètres. Il peut en être de même pour les bouquets de bois, broussailles, etc. *Voyez, au surplus, le* n° 101.

MARAIS. { Terrain aquatique qui ne produit que des joncs et des roseaux qu'on ne fauche point. On distingue les marais salans.

Rosières. — Terrain qui ne produit que des roseaux susceptibles d'être fauchés.

Patures. { On distingue celles qui sont plantées dans l'intérieur. Ce sont des terrains en nature de pré,
mais qu'on ne fauche point ; c'est aussi un terrain non sillonné, produisant du *jan* susceptible
d'être pilé, et une herbe vive et abondante. Une
ancienne avenue, dont les arbres périssent sans
être remplacés, et une avenue nouvellement
plantée, peuvent être désignées *pâtures;* on peut
encore comprendre sous cette dénomination un
terrain aquatique dans lequel il ne vient que de
grandes herbes de marais, quelquefois mêlées
de joncs, que l'on peut faucher pour faire de la
litière. Enfin, le coudert est aussi désigné *pâture.*

Vergers. — Terrains plantés d'arbres fruitiers dans l'intérieur, et sous lesquels il ne vient que de l'herbe.

Bois. { Futaie. Taillis. Semis. Pepinière. } Un terrain plus ou moins mauvais, aquatique ou pierreux, parsemé de loin en
loin de quelques arbres, ou de ronces ou
d'épines, est désigné comme futaie ou
taillis, selon sa nature, si le bois est de
quelque valeur; dans le cas contraire ;
on le nommera *pâture* s'il est clos, et *va-*
gue s'il ne l'est pas.

Chatai- gneraie. { Lorsqu'il se trouve des chênes avec les châtai-
gniers; on porte *futaie,* si le chêne ou autres arbres forestiers dominent, et *châtaigneraie-futaie,*
si le châtaignier est en plus grand nombre. On
dit aussi *châtaigneraie-taillis,* quand le bois est
en taillis.

Landes. — Comprend les terrains sillonnés et parsemés de
janiques, lorsqu'ils ne produisent que de la mousse ou une
petite bruyère rase.

BRUYÈRES.

TERRES VAINES ET VAGUES. { Terrains incultes, connus, dans quelques pays, sous le nom de *savarts;* on y comprend les carrières abandonnées et l'emplacement de leurs décombres.

CULTURE { de tabac. de maïs.

HOUBLONNIÈRES.

AULNAIES et SAUSSAIES.

OSERAIES.

OLIVETS.

MURIERS.

RIZIÈRES.

MARNIÈRES et CENDRIÈRES.

CARRIÈRES { de pierres. de terre ou de sable.

MINES de toute espèce.

TOURBIÈRES.

MOULINS { à eau. à vent. à papier.

MAISONS, cours et bâtimens contigus — *Voyez le* n° 98.

PROPRIÉTÉS SOUS EAU. { Étangs. Viviers. Douets. Routoirs ou roussoirs. Canaux { de navigation. d'irrigation, ou pour la conduite des eaux à une usine.

26

Four à chaux, tuilerie, briqueterie, forges, fourneaux, manufactures et filatures, verrerie, brasserie, tannerie, et, en général, tous les bâtimens isolés et séparés de la cour ou de la maison, sont désignés nominativement.

Nota. Pour distinguer les cultures au premier coup d'œil sur le plan, on peut mettre dans chaque parcelle la lettre initiale de la nature, en ayant soin de donner l'explication de ces abréviations sur la minute du parcellaire.

VÉRIFICATION DU PLAN
sur le terrain.

———

R. M., 247.   127. Lorsqu'un plan est terminé sur le terrain, on en fait la vérification avant de procéder aux calculs (1).

Le géomètre-arpenteur qui a levé le plan doit être présent à la vérification, soit qu'elle soit faite

————

(1) Le géomètre en chef peut se faire suppléer dans la vérification par un employé de confiance. Ce dernier doit être agréé par le préfet, et ne peut être chargé de l'arpentage d'aucune commune. La présence d'un vérificateur dans les départemens où le conseil général l'a jugée nécessaire, ne dispense le géomètre en chef d'aucune des vérifications prescrites par les instructions. Dans tous les cas, le préfet peut ordonner la vérification des plans par un vérificateur autre que le géomètre en chef, lorsque le bien du service l'exigera, et, au cas où ces plans seraient reconnus défectueux en tout ou en partie, les frais de cette vérification seront à la charge du géomètre en chef, sauf son recours contre ses collaborateurs.

Cre du 17 février 1824.

par le géomètre en chef ou par son employé de
confiance; et si le géomètre-arpenteur a été autorisé à confier une commune ou une portion de
commune à des arpenteurs auxiliaires, il doit en
faire une première vérification., dont les résultats
seront représentés au géomètre en chef ou à son
employé de confiance.

Le vérificateur ne doit employer pour portes-
chaîne que des personnes habituées à ce genre de
travail.

Quoique les moyens de vérification soient simples, je vais cependant les indiquer, pour ne rien
laisser à désirer sur cet objet.

Le vérificateur doit être muni de la minute du
plan, des opérations trigonométriques et des tableaux indicatifs : sa première opération est de
mesurer l'étalon qui a servi journellement à vérifier la chaîne du géomètre; ensuite il se transportera de préférence sur la base, dont les extrémités
doivent être assurées par de forts piquets.

La vérification de cette base ayant déjà été faite,
ainsi que celle de la trigonométrie (48), il ne s'agit
plus que de vérifier les détails.

Pour cela, étant sur la base AB, on peut la pro- FIG. 2o.
longer jusqu'en F et en G, mesurer sur ces lignes,
et arrêter à tous les chemins et à toutes les cultures différentes; ensuite on peut faire sur BG un
angle quelconque, et mesurer GH, en arrêtant
aux chemins et aux différentes divisions : enfin, on
pourra retourner à la base, et faire sur AB un

angle BAI ; mesurer AI, et remarquer tout ce qu'on rencontrera sur cette ligne, en ayant l'attention, dans toutes ces opérations, de tenir la chaîne horizontalement, de toujours continuer sa mesure, et de ne point recommencer à compter chaque fois que l'on rencontre un chemin, ou que l'on distingue une nature de culture d'une autre, ou encore une division de deux propriétés.

En parcourant ces lignes, si l'on apercevait une maison A', ou tout autre objet remarquable un peu éloigné, on le déterminerait au moyen d'une base $c'd'$, et des angles à la base.

R. M., 253. On doit aussi, en vérifiant les grandes dimensions, s'écarter des directions qu'on a prises d'abord pour vérifier des détails, soit en parcourant le territoire par lignes brisées, soit en errant et en mesurant des côtés ou des diagonales de polygones, des distances d'une parcelle à une autre, des chemins, etc.

Lorsqu'on met beaucoup de rigueur dans la vérification, il faudrait encore, lorsque la ligne AI coupe une ligne xz, mesurer l'angle A$p'z$.

Tous ces moyens sont assez arbitraires, et dépendent souvent des localités.

Ibid., 254. Le vérificateur mesurera trois polygones ou parcelles dans chaque section, de manière à pouvoir connaître la contenance de chacun, d'après les mesures effectives.

Ibid., 256. Enfin, il prendra les noms de vingt propriétaires environ par section.

Ayant recueilli les élémens nécessaires à la vérification, il fait sur le plan, avant de quitter la
commune, l'application des opérations qu'il a
faites sur le terrain, et il examine sur le tableau
indicatif si les noms de propriétaires des numéros
dont il a pris les renseignemens, sont conformes
à ceux qui lui ont été donnés, et il rédige de toutes ses opérations un procès-verbal, qu'il termine Mod. n° 12.
par des conclusions positives.

Les instructions sur la vérification des plans parcellaires tolèrent un *deux centième*, en plus ou en Ibid., 261.
moins, pour les grandes dimensions, et un *cen-
tième* pour les détails. Cet article porte : « Si la
» différence d'un deux centième ne se rencontre
» que dans quelques distances partielles, relatives
» au périmètre de polygones ou parcelles (les
» grandes lignes droites étant d'ailleurs reconnues
» exactes), le plan peut être réputé régulier quant
» à son ensemble ; mais le géomètre-arpenteur
» sera tenu de rectifier les détails qui présente-
» raient une différence, en plus ou en moins, au-
» dessus du *centième*. »

La tolérance pour les propriétés bâties peut être R. M., 263.
portée au *cinquantième*. Les rectifications à faire
sont indiquées dans le procès-verbal, à la suite duquel le vérificateur certifie qu'elles ont été bien
faites, après qu'il s'en est assuré (1).

_____

(1) L'arpenteur présent à la vérification peut opérer de suite
ces rectifications ; alors il se transporte sur les lieux pour faire

Lorsque la différence trouvée sur les grandes dimensions excède un deux-centième, la partie du plan dans laquelle cette différence se trouve, est susceptible d'être rejetée; dans ce cas, le géomètre en chef donne, sur un tableau particulier, les détails de la vérification, afin que le préfet, sur le rapport du directeur, puisse apprécier les motifs du rejet, et prononcer en conséquence; alors la partie défectueuse est levée de nouveau, et le géomètre en chef en fait une nouvelle vérification, sans pouvoir prétendre à aucun recours contre l'arpenteur pour ces nouveaux frais.

Les principales lignes de vérification sont tracées en rouge sur les minutes des plans, et le géomètre en chef conserve la minute du procès-verbal de vérification.

---

les opérations que lui indique le vérificateur, et celui-ci fait faire en sa présence les rectifications sur le plan, d'après les nouvelles mesures du géomètre-arpenteur. Si la rectification demandait beaucoup de temps, le vérificateur ne pourrait pas attendre que l'arpenteur eût achevé son travail; mais ce dernier prendrait connaissance de la partie à relever, et lorsqu'il aurait fini, il enverrait cette partie au vérificateur, qui, si elle se trouvait en harmonie avec sa vérification et les portions adjacentes, la ferait mettre sur le plan par l'arpenteur, à la place de la partie défectueuse.

On pourrait rapporter sur chaque feuille du parcellaire le résultat de la vérification, ce qui ferait voir, à l'inspection du plan, si l'arpentage a été bien soigné, ou s'il y a eu des négligences.

128. *Remarque.* Aujourd'hui que l'on a acquis beaucoup de pratique, les tolérances indiquées ci-dessus pourraient n'être portées, savoir, qu'à $\frac{1}{300}$ pour les lignes totales, et le double pour les détails, c'est-à-dire, $\frac{1}{150}$. Depuis près de quinze années, j'ai peu rencontré de plans présentant une plus grande différence dans les principales lignes de vérification; il n'est même pas rare de ne trouver que des différences insensibles.

Nous avons fait pressentir que le point de départ n'était pas indifférent; en effet, on sait que, malgré bien des précautions, il est impossible de mettre sur un plan un peu étendu tous les détails à leur véritable place, surtout dans les pays fourrés et coupés.

Si le vérificateur partait de l'un de ses points tant soit peu mal placés, il est évident que son système serait d'autant plus éloigné de celui du plan, que la différence au point de départ était plus forte, et que ces opérations seraient plus longues.

Les problèmes des n°⁵ 28, 31 et 32 peuvent être d'un très-grand secours au vérificateur pénétré des principes qu'ils renferment.

La vérification d'une ville, d'un bourg et d'un gros village, peut se faire en mesurant plusieurs rues qui les traversent, ou bien en formant une chaîne de triangles dans l'intérieur.

Le vérificateur pourrait encore, tant pour la sûreté de son travail, que pour mettre l'arpenteur qui a levé le plan à même de s'assurer de la bonté de l'ensemble de la vérification, former une figure, tant avec ses lignes géométriques qu'avec les distances trigonométriques; alors, si son assemblage se trouvait en harmonie avec le terrain, ce serait avec certitude qu'il conclurait à l'admission ou au rejet du plan.

En mesurant ses lignes, il arrivera souvent, dans les pays boisés surtout, que le vérificateur rencontrera des obstacles, qui l'empêcheront de continuer l'alignement : si ce n'est qu'un arbre, on reculera trois jalons, ainsi qu'on l'a dit au n° 63; mais si c'est une maison, un bois,.... etc., on prendra une ouverture d'angle; et l'on suivra une autre direction, en ayant soin de ne point faire ces angles ni trop aigus ni trop obtus, pour que le rapport se fasse plus exactement.

Le vérificateur ferait bien de ne jamais faire usage du rapporteur (1) pour ces opérations, qui doivent être assises sur le résultat d'un calcul rigoureux.

129. Le mode de vérification dont nous avons parlé jusqu'ici, exige qu'on mesure des lignes dans l'intérieur de la commune, ce qui n'est pas toujours praticable, à cause des grains qui empêchent de jalonner et de mesurer; dans ce cas, on pourra opérer par prolongement; par exemple, étant sur le terrain au point c^u, dans le prolongement de CB,

_____

(1) A moins qu'il ne soit de la grandeur du graphomètre et qu'il ne porte un *vernier*. On se sert avec avantage des tables des Cordes pour faire un angle égal à un autre (145).

à 3o mètres du point d''; prolongez sur le plan le même rayon CB jusqu'au chemin de la maison A', et remarquez, s'il y a aussi 3o mètres jusqu'au coin d'' de l'autre chemin à droite.

Faites la même opération dans plusieurs endroits, et de plus prolongez un mur, une avenue, un fossé, une haie,.... etc., d'environ deux fois leur longueur, et remarquez si le terrain est en harmonie avec le plan, ou tenez note des différences.

Placez-vous encore à quelque endroit, comme i, pour y mesurer les angles hiC, CiD, et voyez s'ils sont égaux à ceux du plan.

Enfin, les limites de chaque propriété particulière, pouvant varier d'une année à l'autre, surtout lorsqu'elles ne sont point bornées, on doit moins exiger que les mesures se rapportent exactement; mais le total du chantier qui se laboure du même sens étant moins susceptible de variations, on doit exiger une exactitude plus rigoureuse dans la mesure de ses dimensions.

.Le vérificateur ne doit point négliger de vérifier si les limites des feuilles contiguës du plan de la commune ne présentent point de différence (1);

―――――――

(1) Avant de se rendre dans la commune, le géomètre-arpenteur chargé du parcellaire d'un territoire contigu à un autre déjà arpenté, doit prendre le calque des limites qui touchent la commune qu'il arpente; et lorsque plusieurs arpenteurs opèrent en même temps sur des communes voisines, les calques doivent être fournis par celui qui a levé le premier la limite.

il doit aussi faire cette vérification avec les communes contiguës déjà arpentées. Lorsqu'en comparant les plans des deux communes limitrophes, il se trouvera une différence que le géomètre en chef croira ne devoir être pas tolérée, celui-ci pourra inviter les arpenteurs qui ont fait l'arpentage de ces communes, à relever la portion de limite où se trouve la différence, et s'ils s'y refusent, sous prétexte que chacun d'eux maintient l'exactitude de son plan, alors le géomètre en chef pourrait en charger un autre géomètre-arpenteur, et les frais qu'occasionnerait cette opération seraient supportés par celui qui aurait commis l'erreur ; il pourrait en être de même pour les sections de la même commune qui auraient été levées par plusieurs arpenteurs.

CALCULS

des plans et des propriétés.

—

R.M.; 269.
130. Aussitôt que le plan d'une commune est vérifié et admis, le géomètre en chef fait procéder, dans ses bureaux et sous ses yeux, aux calculs des contenances.

On commence par chercher la surface totale de chaque feuille ou de chaque section, soit en circonscrivant, à la feuille ou à la section, un rectangle ou un trapèze, qu'on calcule, et duquel on

retranche les parties renfermées entre les lignes de
la figure circonscrite et celles du plan; soit en décomposant la section en grands polygones, qu'on
calcule et dont on réunit les contenances; soit enfin en renfermant le plan dans un triangle ou dans
une figure quelconque, dont on cherche la contenance, et de laquelle on déduit, comme dans le
premier procédé, les portions qui excèdent le
plan. (J'ai toujours suivi cette dernière méthode,
comme étant celle qui me paraît la plus convenable.)

Pour faire ce travail, je réduis en triangles, par
des lignes au crayon, toutes les portions extérieures au polygone circonscrit MNOP; je forme également des triangles dans ce polygone; je cherche
avec l'échelle et le compas la superficie de chaque
triangle (1), et de leur somme je soustrais celle de
tous les triangles des parties extérieures; le reste

R. M.,
273 à 277.

FIG. 20.

---

(1) On sait que la surface d'un triangle est égale au produit
de sa base par la moitié de sa hauteur, c'est-à-dire, par la
moitié de la plus courte distance de cette base au sommet opposé; pour éviter de prendre cette moitié, on peut construire
ou faire construire une échelle qui donne la surface du triangle
en multipliant la base par la hauteur : pour construire cette
échelle, on prendra une moyenne proportionnelle ; par exemple, entre cent parties de l'échelle du plan, et cinquante de
ces mêmes parties, l'échelle qu'on fera sur cette ligne
moyenne proportionnelle, sera celle qu'on demande. C'est
ainsi que j'ai toujours fait les calculs des plans.

est la surface totale du plan. Les détails de ces opérations sont consignés dans un tableau, intitulé, *second cahier de calcul.* On fait ensuite le Mod. n° 13. calcul des chemins publics, rues, places, rivières, Id. n° 14. ruisseaux, etc., et on en forme un état, que l'on envoie au directeur des contributions, ainsi que le second cahier, avant de commencer les calculs des R. M., 272. parcelles. La contenance de ces chemins s'obtient en multipliant la longueur par la largeur, et ayant égard aux sinuosités.

Calcul des contenances de chaque parcelle.

On procède par ordre de numéros, et on obtient la contenance de chaque parcelle soit en réduisant chaque figure en un triangle équivalent, soit en la décomposant en triangles, que l'on forme au crayon. Dans le premier cas, on a tout de suite la surface de la parcelle, en multipliant la longueur de la base du triangle équivalent par sa hauteur : ces mesures sont prises avec le compas sur l'échelle, ainsi qu'on l'a dit ci-dessus.

Ibid., 270. Par le second procédé, qui paraît plus naturel, mais qui est peut-être moins exact dans la pratique, on mesure de la même manière chaque triangle partiel de la figure, on en fait la somme, qui est la contenance de la parcelle.

Les produits de chaque triangle sont inscrits sur Mod. n° 15. un registre que l'on nomme *premier cahier de calcul.*

Les calculs s'abrègent au moyen des tables de multiplications.

Le calculateur doit avoir sous les yeux l'état des R. M., 271, parcelles très-petites, et formant parallélogrammes ou trapèzes, que le géomètre arpenteur a remis (126), pour servir au calcul de ces parcelles.

Les calculs de chaque parcelle étant achevés, on en fait l'addition sur le premier cahier, et on ajoute au total de la récapitulation la surface des chemins, rivières et ruisseaux;.... puis on compare le résultat avec celui du second cahier; si la différence n'excède pas le *trois centième*, on conclura que les calculs Ibid., 278. sont exacts; dans le cas contraire, le calculateur doit en rechercher la cause : dans tous les cas, il ne doit point négliger de vérifier tous les détails de ses calculs, parce qu'une erreur pourrait en compenser une autre, et apporter dans le calcul des surfaces des propriétés particulières des différences qu'il faut être soigneux d'éviter.

Le premier cahier de calcul étant d'accord avec le second, le géomètre en chef fait faire le calcul de la contenance, d'après les mesures mêmes, prises Ibid., 279. sur le terrain, des numéros que le vérificateur a mesurés dans chaque section (127), et compare ces contenances avec celles établies au premier cahier.

La tolérance des lignes pour les détails étant du *centième*, celle des surfaces doit être du *cinquantième;* ainsi, l'opération sera réputée bonne si la différence n'excède pas deux perches, soit en plus, soit en moins, par arpent métrique. Il y a ici une remarque à faire, c'est que, pour garder cette proportion, il faudrait que les figures mesurées par le vérificateur ne fussent pas au-dessous de 3 à 4 hectares, et que les deux géomètres suivissent la même route pour obtenir la surface cherchée; mais, dans toutes les opérations du cadastre, les superficies des divers numéros du plan ne sont que le résultat de deux opérations graphiques, tandis que les calculs du vérificateur émanent des mesures effectives prises sur le terrain, ce qui doit nécessairement apporter plus d'exactitude que lorsqu'on se sert de l'échelle et du compas.

Le premier cahier de calcul est envoyé à la direction, et le directeur, après s'être assuré que la contenance totale de ce cahier ne présente pas une différence au-delà du *trois centième* avec le total du cahier des masses, ou second cahier, y appose son visa, et le remet en suite au géomètre en chef, qui en reste dépositaire jusqu'à l'entier achèvement du cadastre.

L'on peut alors porter les contenances sur l'état des indivis que l'arpenteur a remis avec les tableaux indicatifs (126).

Remarques. 1° En réduisant les figures en triangles, il est nécessaire de s'habituer à faire de petites compensations, pour éviter la multitude de traits, qui influent toujours sur les différences que l'on trouve; car, sur le terrain comme au cabinet, les opérations sont d'autant plus exactes qu'elles sont moins compliquées.

Il faut aussi choisir ces triangles de manière qu'on ait moins d'ouverture de compas, moins d'opérations arithmétiques, et, par conséquent, plus de précision. Donnons un exemple sur le n° 1. FIG. 20.

Je réduis cette figure en triangles en menant au crayon les lignes *dl, de, df;* puis me servant de l'échelle qui me donne directement la surface (130), je prends la distance *df* = 8; au point *i*, je prends aussi une tangente à la ligne *df;* cette tangente est la hauteur du triangle *dfi;* je la porte de *d* en *o*, puis du point *e* je prends une autre tangente à la même ligne *df*, et je la porte de *o* en *n*, ce qui me donne *dn*, que mon échelle me fait connaître, par exemple, de 6, que je multiplie par la base 8, et j'ai 48 pour la surface du quadrilatère *defi*. Je fais la même chose pour le quadrilatère *elhd*, et la réunion de ces deux produits me donne la surface du polygone.

Il est évident que ce procédé est plus exact et plus expéditif dans la pratique que si l'on avait calculé séparément les quatre triangles renfermés dans cette figure.

Quant aux tangentes, ou à la hauteur de chaque triangle, elles se prennent très-promptement, il suffit que l'ouverture de compas touche la base sans la couper.

Lorsqu'on arrivera au n° 4, pour éviter un grand nombre de triangles qu'on serait obligé de faire en menant des lignes à tous ses angles, on fera bien de ne pas avoir égard, pour un moment, aux

figures 1, 2 et 3, et de calculer ce numéro comme
si ces trois derniers n'y étaient pas, sauf à les déduire
du total. Ce procédé a encore de l'avantage sur celui qui consiste à calculer la figure telle qu'elle se
trouve.

2° Lorsqu'on réduit le polygone à un triangle
équivalent, on n'a que deux distances à porter sur
l'échelle, la base et la hauteur, pour avoir la surface de la figure à calculer. Il faut avoir soin, dans
ces réductions, de prendre pour sommet du triangle le point le plus éloigné de la base que l'on
choisit, afin que les intersections soient plus nettes.

La réduction en un triangle se fait assez exactement pour obtenir, au moins, autant de précision,
que par la réduction en plusieurs triangles; d'ailleurs, on l'exécute très-promptement avec des règles à roulettes, ou plus simplement encore avec
une équerre appuyée contre une règle.

Quand la figure est sinueuse, il est avantageux de
la réduire en un quadrilatère de même surface.

FIG. 30. Par exemple, au lieu de réduire la figure 30 en
un triangle équivalent, je la transforme en un quadrilatère ABCD, qui doit avoir la même surface,
parce que chaque ligne AD, CD, CB, AB, est
menée de manière que les parties empruntées sont
égales à celles qui sont extérieures, et qui font
partie de la figure primitive; en effet, le côté sinueux A*b* se trouve rectifié par la droite AD; le
point D est déterminé sur *ab*, ou sur son prolongement, à la manière de la réduction des

figures eu un, deux ou trois côtés de moins.

La figure étant réduite en un quadrilatère, on en calcule la surface, comme on l'a dit ci-dessus.

3° On a fait plusieurs instrumens au moyen desquels on trouve la surface d'une figure quelconque sans se servir de l'échelle et du compas; celui qui me paraît le plus exact, et peut-être le plus prompt, est une corne d'une grandeur quelconque, sur laquelle sont tracés des carrés de 10 mètres de côtés, et des hyperboles qui indiquent la surface d'un triangle ou d'un quadrilatère. C'est, je crois, M. *Laur* qui, le premier, a pensé à faire usage des nombres hyperboliques pour l'évaluation des surfaces. Cet instrument, qui est encore peu connu, exige qu'on réduise la figure en un triangle ou en un quadrilatère équivalent; alors, présentant ce calculateur sur la figure ainsi réduite, on y lit la surface, qui est d'autant plus exacte que les courbes sont plus rapprochées, plus exactement tracées, et que la corne a éprouvé moins d'altération : au lieu d'une corne, on peut mettre un verre.

Il n'est point difficile de trouver autant de points que l'on veut de ces courbes; mais il faut nécessairement un instrument fait exprès pour les tracer d'un mouvement continu. Les figures se réduisent promptement en triangles avec cet instrument, qu'on peut employer pour vérifier les calculs de chaque parcelle portés au premier cahier.

131. Le directeur des contributions ayant remis le premier cahier de calcul au géomètre en chef,

celui-ci s'occupe de porter les contenances de chaque parcelle sur le tableau indicatif que le géomètre-arpenteur lui a remis, en ayant soin de faire
disparaître dans les mètres le dernier chiffre, qui
doit être un zéro, et le chiffre précédent sera aug-
menté d'une unité s'il est au-dessus de 5. Par exemple, lorsque le premier cahier présente pour une
parcelle 11, 12, 13 ou 15 mètres, on met 10; et
si la parcelle donne 16, 17, 18, 19, on porte 20.
Cette suppression ne doit pas avoir lieu pour les
petites parcelles au-dessous de deux ares.

A la fin de chaque feuillet du tableau indicatif,
on fait l'addition de toutes les parcelles qui sont
dans cette page; puis on fait, à la fin de ce tableau,
la récapitulation des contenances qui sont au bas
de chaque page; la contenance totale de la section
sera conforme à celle du premier cahier, si on a
eu aussi l'attention de faire disparaître sur ce cahier
le dernier chiffre des *mètres,* comme on l'a fait au
tableau indicatif.

On ajoute au total des propriétés imposables
la contenance des objets qui ne le sont point, ainsi
que l'indique le modèle, et l'on a le total général
de la section.

132. Ce travail étant achevé, le géomètre en chef
fait réduire en mesure locale la contenance de chaque parcelle, et il en porte le résultat sur le tableau indicatif, dans la colonne relative à cet objet.

Pour faire ces réductions, il se sert de l'état des
mesures locales que le géomètre-arpenteur lui a

remis, ou simplement du rapport qu'il a placé en tête du tableau indicatif. Les tables de multiplication qui sont entre les mains de tous les géomètres en chef, servent avec avantage pour faire ces réductions.

Par exemple, si la mesure du pays est la setérée de 5o perches chacune de 22 pieds de longueur, ou 24200 pieds carrés, on verra en tête du tableau indicatif, ou dans l'état des mesures de la commune, qu'un arpent métrique vaut 196 perches carrées de la mesure locale.

Ainsi, la page 196 de la table de multiplication servira de tarif pour faire les réductions.

Ayant donc à réduire 67 ares, je prends au nombre 67, où je trouve 13132, c'est-à-dire, 131 perches $\frac{32}{100}$ de la commune ; mais comme une setérée vaut 5o perches, je double les centaines, et j'ai tout de suite 2 setérées 31 perches $\frac{1}{7}$.

Si la contenance à réduire était 49ᵖ, 8oᵐ, je chercherais à 498, et à cause que ce nombre est dix fois plus grand que 49,8o, j'aurais 1 setérée 47 perches $\frac{4}{10}$.

Atlas portatif.

133. Les travaux ci-dessus désignés étant achevés, le géomètre en chef s'occupe de la confection de l'*atlas portatif;* c'est une copie du plan que l'on fait sur papier de calque, pour servir au travail de l'expertise : cet atlas est cartonné, et le géomètre R. M., 3o3.

en chef peut, si le directeur le trouve préférable, fournir à l'expert une copie du plan sur papier ordinaire.

Cre du 17 février 1824.

Dans aucun cas, les minutes des plans ne peuvent être employées pour l'expertise ; elles ne doivent même jamais sortir du bureau ou des archives du géomètre en chef.

Bulletins des propriétés.

134. Pour mettre les propriétaires à même de connaître la nature et la contenance de leurs fonds, le géomètre en chef réunit dans un bulletin, pour chaque propriétaire, toutes les parcelles qui sont éparses sous son nom dans les tableaux indicatifs, en ayant soin de mettre sur le bulletin toutes les annotations qu'il trouvera sur ces tableaux. Les contenances y sont aussi données en mesures métriques et en mesures du pays.

Mod. no 16.
Règt, art. 12.

On pourrait mettre en tête du bulletin une lettre instructive aux propriétaires sur la manière de l'examiner, lors de la communication.

Mod. no 17.
Règt, art. 13.

Il est formé un état récapitulatif de tous les bulletins, dont le total doit présenter la contenance imposable de toute la commune.

Communication des bulletins.

135. Les bulletins étant achevés sont communiqués à chaque propriétaire par l'arpenteur qui a levé le plan.

Le géomètre en chef, par l'intermédiaire du di- Règt, art. 14.
recteur, prévient le maire, quinze jours à l'avance,
de l'époque à laquelle le géomètre-arpenteur doit
se rendre dans la commune pour la communication des bulletins, et lui adresse des affiches destinées à donner la publicité convenable à cette opération. Il lui en adresse également pour chacun de
MM. les maires des communes qui avoisinent la
sienne, en le priant de les faire parvenir pour le
même usage.

L'arpenteur se transporte dans la commune au
jour indiqué; il appelle les propriétaires, ou, en
leur absence, leurs fermiers ou régisseurs; leur
facilite l'examen des articles portés sur leur bulletin, et opère les rectifications reconnues justes,
tant sur le bulletin que sur le tableau indicatif et
le plan.

A mesure que l'arpenteur opère des rectifications, ou rejette des observations qu'il ne trouve
pas justes, il communique son travail aux propriétaires, et obtient leur adhésion; puis il fait signer
chaque bulletin par le propriétaire ou par le maire
pour ceux qui ne savent pas signer, et rapporte
un certificat du maire, constatant que les affiches
ont été apposées; que l'appel des propriétaires a
été fait; que le géomètre leur a facilité la reconnaissance de leurs propriétés, et qu'il a fait droit
à leurs réclamations. Ce certificat constate, en
outre, le jour que l'arpenteur a commencé la communication et celui qu'il l'a terminée.

Toutes les rectifications étant opérées, l'arpenteur remet au géomètre en chef tous les bulletins, les tableaux indicatifs, la minute du plan, et l'état récapitulatif des bulletins, lequel doit s'accorder en contenance avec la récapitulation générale des tableaux indicatifs. Il joint à ces pièces l'état des rectifications qu'il a faites d'après les observations fondées des propriétaires. Cet état peut être fait comme celui qui suit :

État des rectifications opérées par suite des observations faites par les propriétaires de la commune de   lors de la communication des bulletins.

Nos DES BULLETINS.	NATURE DES RECTIFICATIONS.	CONTENANCES	
		AJOUTÉES.	SOUSTRAITES.

Le géomètre-arpenteur soussigné certifie que toutes les réclamations fondées des propriétaires sont comprises dans cet état, et que les rectifications ont été faites sur les bulletins, tableaux indicatifs, et sur la minute du parcellaire.

A   le

Alors, le géomètre en chef examine le travail, et envoie le tout au directeur des contributions. Le certificat du maire est joint à cet envoi.

136. *Remarque.* Si, toute rectification faite, le propriétaire persiste à penser que la contenance assignée à une ou plusieurs de ses parcelles n'est pas exacte, il peut en demander le réarpentage par un géomètre du cadastre autre que celui qui a levé le plan. La tolérance pour les mesures de surface est d'un *cinquantième;* l'arpenteur doit en prévenir le propriétaire.

Le géomètre en chef fait passer cette demande au directeur, en indiquant le géomètre qu'il propose de charger du réarpentage, et, sur le rapport du directeur, le préfet ordonne cette opération.

Le géomètre chargé de ce travail en dresse un procès-verbal, au bas duquel le maire atteste le temps qu'il a passé dans la commune.

Le résultat de cette opération est communiqué à la partie intéressée, et le géomètre en chef rectifie ensuite, s'il y a lieu, le plan et le tableau indicatif.

Si, par le réarpentage, le travail du premier géomètre est reconnu régulier, et, par conséquent, la réclamation du propriétaire mal fondée, celui-ci en paie les frais; ils sont, au contraire, à la charge du géomètre-arpenteur, si son travail est reconnu irrégulier.

Les frais sont réglés par le préfet, sur la proposition du géomètre en chef, et le rapport du directeur.

Instruction du 1er déc. 1807.

Erreurs du plan et du tableau indicatif reconnues
lors de l'expertise.

R. M., 625. 137. Le directeur des contributions transmet au géomètre en chef la note des erreurs que le contrôleur a remarquées, soit dans le plan, soit dans le tableau indicatif, en parcourant le terrain, et le géomètre-arpenteur fait sans retard les rectifications reconnues nécessaires, et qui proviennent de son fait.

Le contrôleur ne doit pas regarder comme des défectuosités les changemens survenus sur le terrain dans l'intervalle des opérations des géomètres à celle de l'expertise. L'arpenteur rectifie néanmoins les natures de cultures, quoiqu'il ne soit pas responsable des changemens qui ont eu lieu depuis l'achèvement du plan.

138. *Remarque.* Il arrivera souvent que les opérations du contrôleur et de l'expert nécessiteront la présence du géomètre-arpenteur sur le terrain, et l'on entrevoit aisément les répliques que peut faire ce dernier aux observations du contrôleur; si celui-ci n'a pas une preuve évidente de la justesse de ses notes.

Avant de mettre un arpenteur dans le cas de retourner sur la commune, il est nécessaire que le contrôleur communique ses observations aux propriétaires pour avoir leur consentement; le géomètre ne doit être déplacé que lorsqu'il y a néces-

sité absolue; et, en général, toutes les parties du
service doivent être coordonnées de manière à ne
point faire opérer de rectifications partielles pour
le même travail.

Quant aux changemens qui ont lieu après le levé
du plan et la rédaction du tableau indicatif, comme
les ventes, partages, échanges, etc., c'est l'objet
des mutations, et le géomètre n'est point tenu à la
rectification de ces articles. En effet, il n'y a d'erreur, de la part de l'arpenteur, que le défaut de
configuration des parcelles, une mauvaise désignation de culture, les renseignemens mal pris sur les
noms des propriétaires de chaque numéro, celui
de la propriété, ceux des villages, fermes,... etc.

Quant aux rectifications qui sont à la charge du
géomètre-arpenteur, lorsque celui-ci est absent du
chef-lieu du département, ou qu'il est occupé aux
travaux de l'arpentage sur une autre commune
éloignée de celle sur laquelle il faut aller pour rectifier, il doit être loisible au géomètre en chef de
charger de ces rectifications un autre géomètre;
il y a alors plus de célérité dans les rectifications,
et le travail courant n'est point ralenti : mais,
comme le géomètre-arpenteur, en rectifiant les
erreurs de son fait, en supporte évidemment les
frais, la rétribution à allouer au géomètre chargé
de ces rectifications doit être acquittée par l'arpenteur qui a levé le plan, soit de gré à gré, ou d'après
la fixation qui en sera faite par le géomètre en chef.

Atlas.

Instruction du 17 février 1824.

139. La confection de l'atlas ne doit avoir lieu que lorsque le *classement* est terminé, et que le directeur a mis le géomètre en chef à même d'opérer sur la minute des plans les rectifications auxquelles les notes relevées par le contrôleur peuvent donner lieu.

(Je pense qu'il n'y aurait pas d'inconvénient à commencer le trait et les écritures immédiatement après la communication des bulletins; cela donnerait le temps de les confectionner pour le moment où le directeur est prêt à les déposer dans les communes).

L'atlas est une copie exacte de la minute du plan parcellaire (*voyez le* n° 149); il est tracé avec de l'encre de la Chine sur des feuilles de papier grand-aigle, qui sont pliées en deux et attachées à un talon, ainsi qu'une copie du tableau d'assemblage, placé en tête. Il est fait une seconde copie de ce tableau d'assemblage, destiné à la carte de France. Ce travail graphique exige beaucoup de soin, tant pour le trait que pour les écritures, et les couleurs à étendre dans les rivières, étangs et autres grandes pièces d'eau.

Il n'est pas nécessaire de mettre une échelle sur chaque feuille de l'atlas, il suffit qu'elle se trouve sur la première feuille de la première section : alors on indique que cette échelle est la même pour toute la commune ; et s'il y a plusieurs échelles, on les indique également sur cette première feuille.

Enfin, je pense encore qu'il faudrait n'employer que des demi-feuilles pour faire l'atlas, à cause que les parcelles qui se trouvent vis-à-vis du talon, dans les feuilles entières, perdent de leur exactitude par les plis du papier.

L'atlas étant confectionné, le géomètre en chef le dépose à la direction, ainsi que la double copie du tableau d'assemblage pour la carte de France.

140. Le géomètre en chef conserve jusqu'à la fin des opérations dans le département, une copie du procès-verbal de délimitation, du canevas et registre des opérations trigonométriques, les minutes des plans et le premier cahier de calculs.

141. Les propriétaires qui désirent se procurer un extrait du plan, en ce qui concerne leurs propriétés, doivent s'adresser au géomètre en chef, qui a seul le droit de les délivrer et de les certifier conformes à la minute. Ces extraits sont payés d'après un tarif arrêté par le préfet. Règt du 10 octob. 1821.

Dans les anciennes instructions, ce tarif était réglé par le ministre, pour tous les départemens, à 20 centimes par parcelle pour le simple trait, et à 3o centimes, lavé en teintes plates. Lorsqu'on veut un plan soigné et plus de détails que n'en contient la minute du parcellaire, on traite de gré à gré avec le géomètre en chef. Le tarif pour les extraits de plan pourrait être calculé par *arpens* et par *parcelles*; et comme cet article a été fait dans l'intérêt des propriétaires, il serait à désirer qu'ils fussent instruits que le géomètre en chef doit leur donner la copie du plan qui les concerne pour le prix fixé, afin que les géomètres-arpenteurs ne pussent point leur demander une somme beaucoup plus forte pour le même travail, lorsqu'ils ont encore le plan entre les mains.

C'est le directeur des contributions qui délivre aux propriétaires la copie du tableau indicatif et des évaluations qui les concernent, moyennant *cinq centimes par numéro.*

142. Les frais d'affiches pour la communication des bulletins sont supportés par le géomètre en chef, ainsi que toutes les impressions et fournitures de papiers nécessaires à ses travaux.

Paiemens de l'indemnité du géomètre en chef et de ses collaborateurs. Instruction du 17 février 1824.

143. Le 1ᵉʳ cinquième est payé aussitôt que le procès-verbal de délimitation, et le registre et canevas des opérations trigonométriques sont remis à la direction, ainsi que le procès-verbal de vérification de cette trigonométrie.

Le 2ᵉ cinquième, lorsque l'arpentage est parvenu à sa moitié. Ce degré d'avancement est constaté par un état de situation que le géomètre en chef joint à l'appui de sa demande.

Le 3ᵉ cinquième, quand l'arpentage est terminé,

et que le procès-verbal de vérification du plan, le second cahier de calculs sont remis à la direction.

Le 4ᵉ cinquième est payé après que les bulletins ont été communiqués et rectifiés, et qu'ils ont été livrés à la direction, ainsi que les tableaux indicatifs, le premier cahier de calculs et le calque portatif.

Enfin, le dernier cinquième est acquitté, savoir : moitié lorsque le géomètre en chef remet au directeur l'atlas de la commune et les deux tableaux d'assemblage, ainsi que le certificat de l'inspecteur général, constatant que toutes les pièces sont parfaitement en règle; et le solde, après les six mois de la mise en recouvrement des premiers rôles cadastraux.

Les géomètres commissionnés reçoivent du géomètre en chef des à-comptes proportionnés au degré d'avancement et à l'importance des travaux dont ils sont chargés, et lorsque le 3ᵉ cinquième a été payé, ils reçoivent la somme qui, avec les à-comptes qu'ils ont touchés, complète les trois cinquièmes de leur indemnité. Ce paiement est constaté par un état d'émargement que le géomètre en chef représente au directeur lorsqu'il fait la demande du 4ᵉ cinquième.

En touchant ce 4ᵉ cinquième, le géomètre en chef, après s'être fait remettre par le géomètre-arpenteur le certificat du maire attestant qu'il a acquitté les frais d'indicateurs et autres menues dépenses, lui compte la somme qui, déduction

faite des à-comptes qu'il lui a donnés précédem-
ment, complète les quatre cinquièmes de son indemnité. Il justifie de ce paiement en demandant
la première moitié du dernier cinquième.

Dans les quinze jours qui suivent le paiement du
solde, le géomètre en chef paie le dernier cinquième
à ses collaborateurs, et remet au directeur l'état
émargé, constatant que cet objet est entièrement
en règle.

*Récapitulation des pièces à remettre au géomètre
en chef.*

GÉOMÈTRE-DÉLIMITATEUR.

Procès-verbal de délimitation et croquis visuels en
double expédition. Modèles n°⁵ 1 et 2.

GÉOMÈTRES-ARPENTEURS.

État de situation envoyé à la fin de chaque mois. M. 6.
Registre et canevas des opérations trigonométri-
ques, en double expédition (47).
Minute du plan parcellaire. ⎫
Tableau d'assemblage. .. .. ⎬ (126).
Tableaux indicatifs, recouverts d'un papier très-
fort. M. 9.
Liste des propriétaires, par ordre alphabétique,
avec le relevé des numéros que chacun possède
dans chaque section. M. 8.
L'état des propriétés indivises. M. 10.
Celui des dimensions des petites parcelles rectan-
gulaires ou trapézoïdales.

Celui des mesures locales.

Le tableau indicatif de la longueur des lignes qui forment les différentes lignes du périmètre. M. 3.

Procès-verbal de la division en sections, et position de la base, en double expédition. M. 4 et 5.

État des rectifications faites à la communication des bulletins (135).

| État récapitulatif des bulletins. | Le géomètre en chef donne à l'arpenteur la contenance cadrée avec les tableaux indicatifs, et celui-ci remplit les colonnes du modèle lorsque la communication est achevée et que les rectifications sont faites. | M. 17. |

Certificat du maire, relatif à la communication (135).

Idem, constatant que les frais de portes-chaîne et autres menues dépenses ont été payés (143).

Comparaison des mesures anciennes avec les nouvelles, et réciproquement.

144. Le géomètre-arpenteur étant obligé de rédiger l'état constatant les dimensions des mesures locales usitées dans la commune, leurs divisions et leur rapport avec la mesure métrique, il est utile de lui donner des moyens faciles de faire ces transformations, soit par des calculs directs, soit par des tables de comparaison. Mod. n° 18.

La longueur du mètre a été déterminée de 3 pieds 11 lignes $\frac{296}{1000}$ de ligne, ou, en fraction décimale, $3^{\text{p}},078444$.

D'après cette détermination, le mètre vaut $\frac{443296}{1000}$ de ligne; mais la toise de 6 pieds équivaut à

$\frac{864000}{1000}$ de ligne ; ce qui établit le rapport de la toise au mètre, 86400 à 443296 : d'où l'on tire

$$1^t = 1^m,949036.$$

En prenant le douzième de ce nombre, on aura :

$$1^{pd} = 0^m,324894.$$

On trouvera de même que la valeur du pouce est de $0^m,02706996$, et celle de la ligne, de $0^m,00225583$.

Puisqu'un mètre vaut en pieds   3,078444

il vaudra en lignes. 443,296

en pouces. . . . . 36,94133.

et en toises. . . . . 0,51307.

Avec ces données, on pourra convertir les anciennes mesures linéaires aux nouvelles, et réciproquement.

On trouvera, par exemple, que,

1 {
Perche de 17 pieds 5 pouces vaut en perche métrique. 0,565762
—— 18 pieds. 0,584711
—— 18 pieds 4 pouces. . . . 0,595539
—— 20 pieds. 0,649679
—— 20 pieds 2 pouces. . . . 0,655093
—— 21 pieds 8 pouces. . . . 0,703819
—— 22 pieds. 0,714647
—— 24 pieds. 0,779615
}

Pareillement on trouvera que 1 mètre vaut,

en {
Perches de 18 pieds. 0,171026
—— 20 pieds. 0,153922
—— 22 pieds. 0,139929
—— 24 pieds. 0,128269
}

Mesures agraires ou de superficie.

Si l'on veut connaître ce que vaut en mètres carrés une perche carrée de 18 pieds de longueur, on dira : Puisque le pied vaut 0,3248338, son carré vaudra ce nombre multiplié par lui-même, c'est-à-dire, $0^m,10055206$; multipliant ce dernier nombre par 324, carré de 18, on aura 34,18861 pour le nombre de mètres carrés que contient la perche carrée de 18 pieds de long.

D'après cette règle, on peut former les tables suivantes :

I
{
  ligne carrée vaut en

  mètres carrés. . . . . . $0,00000\overset{m}{5}089$

  pouces carrés. 0,00073278

  pieds carrés. 0,1055206

  toises carrées. . . . . 3,7987416.
}

I
{
  perche carrée de 17 pieds 5 pouces vaut

  en perches métriques. . . $0,3\overset{P}{2}00865$

  —— 18 pieds. 0,3418868

  —— 18 pieds 4 pouces.. 0,3546664

  —— 20 pieds. 0,4220825

  —— 20 pieds 2 pouces.. 0,4291468

  —— 21 pieds 8 pouces.. 0,4953344

  —— 22 pieds. 0,5107198

  —— 24 pieds. 0,6077988
}

I
MÈTRE CARRÉ
VAUT EN
{
  lignes carrées. . . . 196511,00

  pouces carrés. . . . 1364,66

  pieds carrés. 9,47682

  toises carrées. 0,263245
}

30

1 décamètre carré, ou 1 perche métrique carrée,

VAUT EN PERCHES CARRÉES DE	17 pieds 5 pouces. . . . 3,12415^p
	18 pieds 4 pouces. . . . 2,81955
	20 pieds 2 pouces. . . . 2,330205
	21 pieds 8 pouces. . . . 2,01802
	18 pieds. 2,924943
	20 pieds. 2,369205
	22 pieds. 1,95802
	24 pieds. . . . . 1,64528.

1 ARPENT MÉTRIQUE VAUT EN SETÉRÉES DE	20000 pieds car.	4	setér.	11	coup.	$\frac{8}{10}$.
	22500 ——	4	—	3.	—	»
	24200 ——	3..	—	14.	—	$\frac{2}{3}$.
	27000 ——	3	—	8	—	»
	28000 ——	3	—	6	—	$\frac{1}{6}$.

La setérée est supposée valoir 16 coupées.

Réciproquement,

		ares. m:
1 SETÉRÉE DE	20000 pieds carrés vaut	21,10,4
	22500 ———	23,74,21
	24200 ———	25,53,598
	27000 ———	28,49,06
	28000 ———	29,54,577

Il serait, je crois, difficile de rapporter toutes les mesures de longueur et de superficie qui existaient en France avant l'adoption du nouveau système métrique; mais il suffira de connaître la valeur de l'une de ces mesures pour pouvoir en faire la réduction au moyen des tables ci-dessus.

Par exemple, s'il fallait trouver en mètres la valeur de la perche de 19 pieds 6 pouces de lon-

gueur, à raison de 11 pouces par pied, on conver-
tirait tout en pouces, et l'on aurait 215 à multiplier par la valeur d'un pouce, que l'on trouve de
0^m,02706995; le produit 5^m,82004, ou simplement
5^m,82 serait la quantité demandée.

Si on voulait convertir cette perche locale en
ares, on multiplierait la valeur du pouce carré,
par le carré de 215, et on aurait pour produit
0^{are},33874, ou 33^m,874; c'est la valeur qu'il fallait
trouver.

Enfin, pour savoir ce que vaut une perche métrique carrée, en perches carrées de 19 pieds 6 pouces, ou 215 pouces, il suffit de diviser l'unité par
0,33874; en faisant l'opération on trouve 2^p,9521;
ainsi des autres.

Rapporteur exact.

145. Nous avons dit (91) que, pour rapporter de
grandes lignes, le rapporteur ordinaire est insuf-
fisant, et qu'il y en avait de la grandeur des graphomètres, et divisés de la même manière, c'est-
à-dire, garnis d'un *vernier*; mais ce n'est pas sans
inconvénient que l'on fait usage de ces grands rapporteurs. On y supplée avantageusement par les
tables des Cordes, connues sous le nom de rapporteur exact; ce livre est connu, et son usage est
expliqué en tête; voici un exemple :

Pour rapporter l'angle BAC, que je suppose de FIG. 31.
35°, prenez sur l'échelle une ouverture de compas

de 1000-parties, et avec laquelle vous décrirez du point A l'arc DG ; prenez dans la table (A), la corde de 35°, et portez sa valeur sur l'échelle ; avec cette ouverture de compas et du point D, comme centre, décrivez un autre arc qui coupera le premier en F ; tracez la ligne AF indéfinie, et vous aurez sur le papier l'angle BAC conforme à celui du terrain.

Réciproquement, lorsqu'on a l'ouverture d'un angle, on connaît de combien de degrés et minutes cet angle est composé, en prenant sur l'échelle la longueur de la corde DF, et en examinant sur la table à quel nombre de degrés et minutes elle correspond.

146. *Remarque.* Cette table, quoique très-commode, n'est pas sans quelques inconvéniens lorsque l'échelle est grande, parce qu'alors il faut avoir un très-grand compas pour pouvoir opérer ; par exemple, s'il fallait faire un angle de 84°, il faudrait prendre sur l'échelle 1338^m,3, qui est la corde de ce nombre de degrés, et l'on sait que l'on n'a pas toujours un compas assez grand pour pouvoir prendre cette distance sur une échelle de 1 à 2500, et à plus forte raison sur celle de 1 à 1250.

Je sais qu'on peut prendre son ouverture de compas de 500 ou de 250, et alors la moitié ou le quart de la corde de 84° ; mais dans ce cas, si l'intersection n'est pas précisément à sa place, le prolongement de la ligne qui doit passer par cette intersection, tant soit peu mal placée, s'écartera d'autant plus de sa véritable place que le côté du triangle sera plus grand.

On peut diminuer ces inconvéniens en faisant usage d'une table des *sinus naturels*, dont on prend seulement les trois premiers chiffres. Cette table, qu'on trouvera dans mon Manuel trigonométrique, sert aux mêmes usages que celle des Cordes, mais elle est plus commode, en ce que l'on n'est point assujetti à opérer avec un grand compas : d'ailleurs, on retrouve dans cette table celle des Cordes ; car, sachant que le sinus d'un arc est la moitié de la corde d'un arc double, il est évident qu'en doublant le sinus de 11° 25', on aura la corde de 22° 50'. Soit, par exemple, un angle de 40° 6' que l'on veut faire en un point A, sur une ligne donnée.

Cherchez ce nombre de degrés et minutes dans la table, vous trouverez vis-à-vis le nombre 644,1, et, dans la colonne suivante, vous lirez 764,9 ; ce dernier nombre est le sinus du complément de 40° 6'. Portez 764,9 sur la ligne donnée en partant du point A, et à l'endroit où la pointe de votre compas tombera, élevez à cette ligne une perpendiculaire à laquelle vous donnerez 644,1 de votre échelle ; puis vous tracerez par le point A et l'extrémité de cette perpendiculaire une droite indéfinie, qui déterminera l'angle cherché. Si l'angle était donné de position, et qu'on voulût en connaître la valeur, on porterait 1000 parties de l'échelle sur un des côtés de l'angle, et du point où la mesure finirait, on abaisserait sur l'autre côté

une perpendiculaire qui serait le sinus de l'angle
qu'on demande, et on trouverait sa valeur dans la
table vis-à-vis ce nombre.

Quoique cette table ne soit que de six en six minutes, elle sera néanmoins toujours suffisante pour
les opérations dont il s'agit; d'ailleurs, on pourra
établir les différences, s'il est nécessaire d'y avoir
égard.

*Voici une petite pratique qui peut être utile aux
géomètres-arpenteurs.*

147. *Mesurer une ligne inaccessible avec une
chaîne et des jalons.*

FIG. 32.   Pour connaître la valeur de la ligne AB, que l'on
ne peut mesurer directement, prolongez à volonté
cette ligne vers C, et mesurez BC; de ce point C
menez une ligne CE, faisant avec AC un angle à volonté, en observant cependant de le faire approcher le
plus possible de l'angle droit; ensuite mesurez une
grandeur quelconque de C en D, que vous porterez aussi de D en E. Du point D menez une ligne
sur A, et mettez un piquet au point F, où elle coupera la ligne BE, qu'on établira aussi avec des jalons; mesurez encore la distance BF, que vous porterez de F en G; enfin, mesurez bien exactement
la portion EG, et vous trouverez la ligne AB par
la proportion EG : BF : : BC : AB; d'où AB =
$$\frac{BC \times BF}{EG}.$$

On trouve AB sans faire aucune opération

arithmétique. Après avoir fait comme ci-dessus CD
= DE, menez l'alignement BI, et faites DI = BD;
par les points E, I, conduisez une droite indéfinie,
et avancez sur cette droite jusqu'à ce que vous soyez
dans l'alignement AD; le point K étant celui où les
lignes AK, EK, se rencontrent, on aura IK = AB;
ce qui est évident, car par la construction AC est
parallèle à EK, et les triangles ABD, DIK, sont
égaux.

Construction d'une échelle des parties égales.

148. Si l'échelle qu'on veut construire est celle FIG. 33.
de 1 à 2500, tracez une ligne indéfinie DE, et
portez sur cette ligne, en partant du point D, dix
fois de suite une ouverture de compas de la grandeur de quatre millimètres; prenez AD de ces dix
ouvertures, qui valent quatre décimètres, et por-
tez-la de A en F, de F en G, etc., et des points
D, A, F,... menez à la ligne DE des perpendiculaires que vous ferez égales à AD (1); divisez DC,
CB, AB ou EH de la même manière que AD, et
par les points de division de ces perpendiculaires,
menez des droites que vous couperez par des trans-
versales dont la première partira du point A, et
tombera sur le point de la première division de la
ligne CB. La seconde division partira du point I,

(1) Ces perpendiculaires peuvent être plus grandes ou plus
petites que AD.

et tombera à la seconde division, et ainsi de suite jusqu'à la dernière, qui partira du point 9 et joindra le point C.

Enfin, numérotez les divisions comme elles le sont dans cette figure, et l'échelle sera faite.

Au moyen de cette construction, le triangle rectangle AB*a* sera coupé en parties proportionnelles, dont la première vaudra *un dixième,* la seconde *deux dixièmes,...* etc.; de sorte que si l'on veut prendre sur cette échelle, par exemple, 206^m, ce sera la distance *bc* qui représentera cette quantité. Si l'on voulait 236^m, on prendrait la distance *bd;* enfin, si l'on demandait 357,5, on prendrait *ef,* qui se trouve entre 357 et 358; ainsi des autres.

Quand cette échelle est gravée sur une règle de cuivre, il faut un compas à pointes sèches pour prendre les distances dessus.

Manière de copier les plans.

149. On peut avoir la copie exacte d'un plan de plusieurs manières :

1° On peut poser le plan à copier sur le papier destiné à recevoir la copie, et l'attacher à ce papier avec des épingles fines ou avec de la colle à bouche, de manière que ni le plan ni la feuille de papier ne puissent se déranger; ensuite, avec une aiguille aimantée que l'on nomme *piquoir,* on pique les extrémités de toute les lignes, les sinuosités des rivières et des ruisseaux, les issues des chemins, les maisons, et généralement tout ce qui est nécessaire pour faire facilement la copie du plan.

Quand tout est bien piqué, on ôte le dessin de dessus la feuille de papier, et au moyen des points qu'on voit sur cette feuille, on met la copie au crayon, en cherchant les points qui peuvent servir à représenter les mêmes objets que sur la minute.

Quelque composé que soit un plan, quand on l'a piqué sans avoir multiplié les points mal à propos, il est facile de le reconnaître au crayon, en s'attachant à chaque partie en particulier.

Lorsqu'on est versé dans ces sortes d'opérations, on abrège beaucoup le travail, en mettant tout de suite le plan au trait, après l'avoir piqué, ce qui le rend plus propre que celui qu'on reconnaît au crayon avant de le mettre à l'encre.

2° Quand on ne veut point piquer un plan, dans la crainte de le gâter, on se sert d'un grand carreau de verre, encadré dans un chassis de bois garni de deux montans ; on pose le dessin, sur lequel est attaché un papier blanc, sur la vitre, et comme on voit au travers, on suit légèrement avec un crayon tous les traits du plan, et l'on a la copie exacte, que l'on met ensuite à l'encre. Un dessinateur exercé met son plan au trait sur la vitre même ; il a, par ce moyen, plus d'exactitude et une grande économie de temps.

Si tous les détails ne s'aperçoivent pas distinctement, on rapportera d'abord la minute sur un papier huilé ou verni; puis on calquera cette partie à la vitre, comme si c'était la minute même.

Au lieu d'un verre mis dans un chassis garni de deux montans, il vaut mieux encadrer ce verre dans une table ordinaire posée horizontalement, et mettre dessous une ou plusieurs glaces, qui produiront le même effet, si on ne laisse dans la chambre que le jour nécessaire. Cette table posée horizontalement fatigue moins que le chassis garni de montans, qui est toujours incliné; d'ailleurs, à côté de cette petite table, on peut en mettre une autre de même hauteur, sur laquelle on fait glisser le plan à mesure qu'on en a besoin pour calquer.

3° Si, après avoir fait la copie du plan de calque, on ne pouvait encore suffisamment apercevoir toutes les lignes, on réduirait en poussière de la mine de plomb, qu'on étalerait en frottant légèrement avec un petit tampon de linge sur le papier huilé, mais du côté opposé à celui sur lequel le dessin est fait; puis on mettrait le côté plombé de cette feuille transparente sur le papier à dessiner, et on suivrait, avec une pointe à calquer, tous les traits du plan, en ayant soin d'appuyer assez pour que la mine de plomb se trouve déposée sur le papier qui doit la recevoir.

Après avoir parcouru tous les détails, on ôte le calque, et l'on met à l'encre la copie, qui sera conforme à la minute si, d'une part, tous les traits ont été suivis, et si, de l'autre, on a rectifié les lignes que la pointe aurait pu ne pas assez marquer sur le papier à dessiner.

4° On peut encore copier les plans en déterminant par intersection la position de tous les objets ; mais cette méthode, quoique rigoureuse dans sa théorie, est peu suivie dans la pratique, à cause qu'elle exige beaucoup de temps, surtout lorsque le plan est très-détaillé.

150. *Sur une ligne donnée* AB, *décrire un cercle* FIG. 11. *tel que tous les angles, ayant leur sommet à la circonférence, et s'appuyant sur la droite* AB, *soient égaux à un angle donné.*

Menez par le point A une ligne AF qui fasse avec AB un angle BAE égal au complément de l'angle donné ; cette ligne coupera en O la perpendiculaire EO, qu'on élèvera sur le milieu de AB, en sorte que le point O sera le centre, et AO le rayon.

D'après cette construction, tout angle ACB qui aura son sommet à la circonférence de ce cercle, sera égal à l'angle donné.

Ce problème est ordinairement énoncé ainsi :

Sur une ligne donnée, décrire un arc de cercle capable d'un angle donné.

Jalonnage des lignes.

151. L'exactitude des opérations sur le terrain dépend souvent du jalonnage ; ainsi, un jeune homme qui veut travailler avec succès au levé des plans,

doit s'exercer à bien tracer une ligne droite avec
des jalons, lesquels doivent être droits, ferrés en
pointe par le bas, et fendus par le haut pour recevoir une carte ou un morceau de papier.

FIG. 12. S'il faut mener une ligne droite qui passe par les
points A et B, et la prolonger plus loin, on plantera perpendiculairement à l'horizon un jalon à
chacun de ces points ; à peu près à deux ou trois
cents mètres du point B, on plantera un troisième
jalon C, dont on ajustera la tête dans le rayon visuel
qui passe par les sommets des deux premiers ; et,
après l'avoir planté de la même manière que les
autres, si le sommet s'est dérangé, ce qui arrive
presque toujours, on le remettra dans ce rayon visuel. A une pareille distance, on fera une semblable
opération en D, c'est-à-dire, que le point D sera
placé de manière que les deux premiers ne s'aperçoivent point, et on continuera de même aussi loin
qu'on voudra, en observant d'en découvrir au
moins deux, sans celui qu'on veut planter, et de
les apercevoir bien distinctement.

Lorsque les jalons que l'on emploie ne sont pas
parfaitement droits, il faut avoir soin de tourner
la courbure de manière qu'elle soit avec la tête et
le pied dans le même plan vertical ; sans cette attention, il serait impossible de bien jalonner.

S'il fallait mener une ligne droite entre deux
objets éloignés, A et D, visibles l'un de l'autre,
placez-vous en A et envoyez quelqu'un vers B avec
un jalon qu'il tiendra à côté de lui ; faites le signe

d'avancer ou de retirer à lui le jalon jusqu'à ce qu'il se trouve placé dans l'alignement AD ; au signe convenu, il enfoncera son jalon avec lequel est l'objet A ; on tracera la ligne droite AD.

Le jalonnage se fait très-promptement et très-exactement avec l'équerre : par exemple , pour avoir le point B sur l'alignement de AD , il suffit, étant en B, de viser sur D par les pinnules, et de se retourner pour voir si on aperçoit par les mêmes pinnules l'objet A ; dans ce cas, l'équerre est bien placée ; dans le cas contraire, on cherchera ce point par des essais, en reculant à gauche ou à droite, jusqu'à ce que le rayon dirigé par les pinnules passe par les points A et D ; ensuite , tous les jalons qu'on fera mettre dans la direction de ce rayon visuel , seront en ligne droite.

152. *Mesurer une ligne droite avec la chaîne.*

Pour cette opération , le géomètre-arpenteur doit avoir avec lui un homme qui porte la chaîne, et qui marche en avant avec *dix fiches* qu'il portera de la main gauche, et de la main droite il tiendra avec deux ou trois doigts l'anneau qui est à l'extrémité de la chaîne , en marchant sur l'alignement, et en fixant le point où il doit arriver ; puis il prendra un piquet qu'il fera toucher à l'anneau, et lorsqu'il sentira la chaîne bien tendue , il enfoncera son piquet en terre, et assez avant pour que la chaîne, qui pourra frotter le long de ce piquet en passant, ne le fasse pas tomber. Pendant que le porte-chaîne plantera son premier piquet, celui qui est derrière tenant la chaîne mettra l'anneau dans lequel ses doigts sont passés, contre le bâton de l'équerre, ou un petit jalon bien droit qui doit être planté au point d'où il doit partir. Le porte-chaîne de derrière ira ensuite poser la main droite, de laquelle il tient l'anneau, sur le piquet enfoncé, en le faisant ainsi toucher, et il se tiendra dans cette situation jusqu'à ce que celui qui marche en avant ait planté la seconde fiche. On opérera de la même manière jusqu'à ce que le porteur des dix fiches les ait toutes employées; alors, celui qui les aura levées à mesure les rendra au premier, et l'arpenteur, qui a soin de les suivre, cotera 10 sur un morceau de papier. On mettra, à la place de la dernière fiche, le bâton d'arpenteur ou le petit jalon dont on vient de parler. On continuera d'opérer de la sorte jusqu'au point où l'on doit arriver; y étant, on comptera les portées par le nombre des points ou des traits marqués sur le papier, et on ajoutera autant de perches qu'il s'en trouvera depuis la dernière portée, ainsi que les mètres, s'il y en a.

Lorsqu'en mesurant le porte-chaîne de devant se dérangera de l'alignement, l'arpenteur ou le porte-chaîne de derrière l'y fera remettre, en le faisant avancer à gauche ou à droite; il aura aussi l'attention de lui faire toujours tendre la chaîne suffisamment (50).

Il ne faut pas, lorsque la fiche est posée obli-

quement (elles doivent toujours être posées le plus
verticalement possible), que celui de derrière la
redresse; car c'est toujours le sommet et non le
pied qui fait toute la régularité du mesurage; c'est
pourquoi, on doit éviter en marchant, et en arrivant près de chaque fiche, que la chaîne ne les
touche et n'en dérange la position. On doit aussi
avoir l'attention d'appuyer la main sur la fiche,
de manière que le porte-chaîne, se sentant arrêté,
n'ait pas besoin de tourner la tête pour savoir quand
il faudra piquer une fiche : cette méthode vaut
mieux que de se retourner à chaque fois. On doit
aussi laisser le jalon sur la droite, et ne jamais
traverser d'un côté à l'autre.

Si la chaîne vient à se rompre, il ne faut pas la
rattacher sans être assuré qu'il n'y a rien de perdu,
et lorsqu'une fiche se perd, ce qui arrive assez
souvent, il faut avoir le plus grand soin de ne la
remplacer qu'après avoir vérifié et reconnu la partie de la ligne dans laquelle elle est tombée; sans
cette attention on pourrait commettre de grandes
erreurs. Si l'on a quelque doute, il ne faut point
hésiter à recommencer le mesurage.

Il ne faut pas, en mesurant, se piquer de trop
de vitesse, ni que celui qui marche en arrière lève
aucun des piquets avant que celui qui les pose devant lui n'ait fixé le sien; autrement, il est impossible de mesurer exactement.

153. *Remarque.* La chaîne doit toujours être
portée horizontalement, ce qui est souvent difficile

dans les terrains inclinés. Lorsque la pente n'est pas considérable, on peut se contenter, quand on mesure en montant, de lever la main dans la hauteur du piquet du porte-chaîne ; et lorsqu'on mesure en descendant, le même porte-chaîne lèvera la main dans la hauteur horizontale du genou de celui qui tient l'autre extrémité de la chaîne, pour ensuite laisser tomber le piquet verticalement.

Si la pente est trop considérable pour opérer de cette manière avec une chaîne de *dix mètres*, on mesurera avec la moitié de cette chaîne, ou avec un double mètre, suivant que l'inclinaison du terrain sera plus ou moins forte; alors on pourra toujours suivre la méthode qu'on vient d'indiquer.

154. *Transformer un polygone quelconque en un autre qui ait un côté de moins, et qui lui soit égal en surface.*

FIG. 34. Soit le pentagone ABCDE à réduire en un quadrilatère de même surface; joignez les deux angles B et D par une droite BD, et par le sommet de l'angle C menez CF parallélement à BD, ce qui vous donnera sur la ligne AB, prolongée s'il est nécessaire, un point F, que vous joindrez au point D, et vous aurez le quadrilatère AFDE égal au pentagone proposé.

On peut, en opérant de la même manière, faire disparaître l'angle E, et on aura le triangle DGE égal au pentagone ou au quadrilatère.

. PARCELLAIRE. 249

Des plans visuels.

155. Le plan visuel n'est commun au plan géométrique, qu'autant qu'il représente, mais impar-
faitement, les objets qui y sont situés ; car on n'y
lève aucun angle, on n'y fait aucune mesure ni aucun calcul : néanmoins, ces figurés à vue tiennent
à des principes. Il faut d'abord, comme au plan
géométrique, parcourir le terrain avec un homme
qui le connaisse parfaitement ; ensuite on figure
les chemins et les maisons, cours et jardins qui se
trouvent de part et d'autre, puis on entre dans le
détail de chaque canton ou chantier : par exemple,
on peut commencer par le canton borné par le
chemin CBXI, en ayant soin de figurer la cour- FIG. 17.
bure des chemins et les héritages suivant leur direction ; et on écrit les noms des propriétaires
dans l'intérieur de chaque figure, ou bien par des
lettres de renvoi. Chaque propriété doit être, aux
dimensions près, telle qu'elle est sur le terrain.

Pour opérer avec ordre, on figurera, dans chaque canton, successivement tout ce qui se laboure
dans le même sens, c'est-à-dire, tous les chantiers,
et on se transportera avec l'indicateur sur les pièces triangulaires et sur celles faisant hache, afin
d'observer à peu près à quelle hauteur peuvent
être ces triangles et ces haches, et on continuera
de la même manière jusqu'à ce que le plan du terrain soit ainsi représenté sur le papier.

On ne parvient à bien dessiner le terrain que par un grand usage, et en s'appliquant à donner aux lignes et aux angles à peu près leur valeur respective.

On fait assez facilement un angle égal à celui du terrain en se plaçant au sommet et en traçant des lignes dans la direction des côtés.

Des bornes.

156. Les bornes sont des points fixes de séparation. On dresse ordinairement un procès-verbal de leur plantation.

Quand on veut mesurer une pièce de terre, de vigne, etc., il faut voir si les limites ne sont pas assurées par des bornes, qui ne sont autre chose que des pierres plantées en terre pour séparer les possessions.

Quelquefois les propriétaires, par acte passé entre eux, conviennent qu'une haie ou certains arbres plantés entre leurs héritages leur serviront de bornes; alors ces arbres deviennent *mitoyens*.

Quelquefois ce sont des ruisseaux, des chemins, des fontaines, des étangs, des fossés,... etc., qui servent de bornes aux propriétés, et quoique plusieurs de ces objets soient sujets aux variations, on les regarde néanmoins comme le bornage le plus certain.

Quelquefois aussi, par convention entre les particuliers, les bornes sont enfoncées en terre, pour les garantir du soc de la charrue.

Outre les cas de convention, on met sous les bornes quatre moellons, qu'on appelle *témoins de la borne;* au milieu de ces moellons, on casse une tuile, dont on rapproche les morceaux, que l'on nomme *témoins muets.*

Au lieu de tuiles, il y a des personnes qui mettent du charbon, des ardoises, ou une assez grande quantité de petites pierres ou cailloux.

Les bornes se plantent ordinairement aux angles des figures, afin qu'elles servent pour le bout et pour le côté : on en met quelquefois sur la longueur, mais elles ne peuvent servir que pour le côté.

Tout propriétaire peut obliger son voisin au bornage de leurs propriétés à frais communs; il peut aussi clore son héritage, lorsqu'il n'est point tenu de livrer un endroit de passage.

Lorsqu'une borne est douteuse, on doit avoir, pour la lever, un pouvoir par écrit des deux propriétaires qui sont en contestation, ou une ordonnance du juge; car des lois non abrogées prononcent différentes peines contre ceux qui arrachent ou transportent des bornes.

D'après les lois qui nous régissent, quiconque aura comblé des fossés en tout ou en partie, détruit des clôtures, de quelques matériaux qu'elles soient faites, coupé ou arraché des haies vives ou sèches; quiconque aura déplacé ou supprimé des bornes, ou pieds corniers, ou autres arbres plantés ou reconnus pour établir les limites entre différens héritages, sera puni d'un emprisonnement qui ne pourra être au-dessous d'un mois, ni excéder un an, et d'une amende égale au quart des restitutions et des dommages-intérêts, qui, dans aucun cas, ne pourra être au-dessous de 5o francs.

L'action pour déplacement de bornes, usurpation de terres, arbres, haies, fossés, et autres clôtures faites dans l'année, ainsi que toutes autres actions possessoires, est portée devant le juge de paix de la situation de l'objet litigieux.

La connaissance de l'action de bornage n'est donc pas attribuée au juge de paix. Peut-être le nouveau Code rural, que l'on attend depuis longtemps, apportera-t-il quelque changement aux lois relatives aux bornages et clôtures. Le projet de Code rural imprimé en 18o8 par ordre du gouvernement, donne aux juges de paix l'action de bornage.

J'ai pensé que cet article sur les bornes pourrait être nécessaire au géomètre-arpenteur, pour pouvoir répondre aux questions que pourraient lui faire les propriétaires relativement au bornage de leurs possessions.

EXPERTISE ET MUTATIONS.

—

Expertise.

157. Il n'est pas inutile que le géomètre-arpenteur connaisse la marche que l'on suit pour évaluer les parcelles qui se trouvent portées au parcellaire, afin qu'il puisse répondre aux questions qui peuvent lui être faites à cet égard par les propriétaires.

Dans le nouveau mode de cadastre, c'est le conseil municipal de la commune, auquel sont adjoints les plus fort imposés à la contribution foncière, en nombre égal à celui des membres du conseil, qui s'occupe de la classification de chaque propriété, qui consiste à déterminer en combien de classes chaque nature de propriété doit être divisée, à raison des divers degrés de fertilité du terrain. Règt du 10 octobre 1821.

Cette classification est précédée d'une reconnaissance générale du territoire, qui est faite par l'inspecteur des contributions, et par des classificateurs nommés par le conseil municipal, et choisis parmi les propriétaires des différentes natures de propriété.

Ces classificateurs indiquent les parcelles qui doivent servir de type pour chacune des classes de chaque nature.

La classification étant arrêtée, le conseil municipal s'occupe du tarif des évaluations, en s'attachant, avant tout, à établir le plus juste rapport entre les quatre principales natures de culture (1).

Les autres cultures sont évaluées eu égard aux prix des cultures principales avec lesquelles elles ont une espèce d'analogie.

Les maisons sont estimées dans la même proportion que les fonds ruraux, en ayant d'ailleurs égard à leur situation et aux avantages qu'elles présentent.

Dans les villes, chaque maison est évaluée séparément, et l'estimation est faite sur le terrain même par les classificateurs. De même, chaque usine reçoit une évaluation particulière. Le conseil municipal peut demander un expert pour aider les propriétaires dans le classement des parcelles ; cette nomination est faite par le préfet, qui règle le taux de son indemnité, laquelle est acquittée par la commune. Les propriétaires peuvent, si bon leur

---

(1) Les évaluations cadastrales ne devant servir qu'à établir l'égalité proportionnelle dans l'impôt foncier d'une commune entre les propriétaires des biens fonds, il n'est pas nécessaire de donner à chaque propriété son véritable revenu. Il suffit, en effet, que ces évaluations conservent une juste proportion entre les différentes classes. Mais si l'on considère que les opérations du parcellaire seront, sans doute, consultées pour les *ventes*, les *partages*, et même pour la *perception des droits de succession*, alors il est important que chaque parcelle soit évaluée à son revenu réel.

semble, assister au classement, et présenter leurs observations; de leur côté, les classificateurs sont autorisés à s'adjoindre, dans chaque section, les indicateurs en état de leur fournir des éclaircissemens utiles.

Les propriétaires classificateurs opèrent successivement dans chaque section, et distribuent chaque parcelle de propriété dans les classes arrêtées par le conseil municipal.

Le contrôleur des contributions est présent à cette opération; il est muni du tableau indicatif et d'une copie du plan, et, à mesure qu'il arrive sur une parcelle, il s'assure si elle est bien désignée au tableau; il tient note des erreurs qui pourraient être reconnues (137).

Le contrôleur doit rappeler aux propriétaires classificateurs que les lois ont consacré un principe d'après lequel les propriétés doivent être évaluées d'après la nature de leur sol, c'est-à-dire, d'après les produits qu'elles sont susceptibles de donner avec les travaux ordinaires usités dans la commune (1).

Le classement ne doit être entrepris qu'après Cre du 17 fév. que les bulletins ont été communiqués aux pro-

_____

(1) L'opération du cadastre étant achevée dans une commune, les propriétaires qui laisseront détériorer leurs terres, ne doivent obtenir aucune diminution; mais aussi ceux qui amélioreront leurs propriétés ne seront pas augmentés, ce qui est avantageux à l'agriculture.

priétaires , et l'inspecteur des contributions ne peut être chargé d'assister personnellement les classificateurs dans le classement d'aucune commune.

La classification étant achevée, le directeur des contributions procède à la formation des états de sections et à la confection de la matrice du rôle. Ces pièces sont envoyées dans la commune avec le rôle cadastral rendu exécutoire.

On adresse à chaque contribuable une lettre par laquelle on lui donne avis de la remise à la mairie des états de sections et de la matrice, ainsi que du délai accordé pour les réclamations contre le classement de ses fonds. Les propriétaires peuvent prendre communication de ces pièces à la mairie; elles leur facilitent les moyens de reconnaître les erreurs qui auraient pu se glisser dans le classement. Les réclamations sont admises pendant les six mois qui suivent la mise en recouvrement du rôle; elles sont présentées sur papier libre, et instruites par le contrôleur, qui prend l'avis des classificateurs.

Lorsqu'il n'est pas fait droit à la réclamation d'un propriétaire, celui-ci peut demander une contre-expertise; il nomme un expert, et le sous-préfet en nomme un autre. Le réclamant paie les frais, si sa demande est définitivement rejetée.

Mutations.

158. Les mutations qui surviennent journellement dans les propriétés et parmi les propriétaires, se font sur les matrices cadastrales ; ce sont les contrôleurs des contributions qui sont chargés de recueillir et de constater la contenance et le revenu des parcelles entières ou des portions de parcelles qui passent d'un propriétaire à l'autre.

Règt
du 10 octob.

Pour cela, il se rend dans la commune au jour indiqué par des affiches apposées dans la commune et dans celles limitrophes dix jours au moins avant son arrivée, et il réunit les répartiteurs, pour recevoir, de concert avec eux, les déclarations des propriétaires qui ont des mutations à faire opérer.

Le percepteur des contributions est tenu d'assister à cette assemblée, et d'indiquer les mutations parvenues à sa connaissance, et dont il a dû prendre note.

Lorsque la mutation d'une parcelle est constatée, le contrôleur porte sur une feuille de déclaration imprimée, le nom du vendeur, celui de l'acquéreur, le folio de la matrice où les parcelles sont inscrites, l'indication de la section, le numéro du plan, le lieu dit, la nature de la propriété, la contenance, les classes et le revenu. Cet état, signé du déclarant et du contrôleur, est envoyé au directeur des contributions, qui fait faire de suite les changemens sur les matrices qui sont dans ses

33

bureaux, et le contrôleur fait opérer les mêmes changemens sur la matrice déposée dans la commune.

Enfin, lorsque les matrices présenteront trop d'additions, de ratures et de surcharges, le directeur en fera un rapport au préfet, qui ordonnera qu'elles soient recopiées, et les frais seront à la charge de la commune.

L'indemnité du contrôleur et du directeur, pour l'application des mutations aux matrices cadastrales, déposées à la direction et à la mairie, est réglée par le préfet et payée par la commune.

Mais la rétribution du contrôleur pour le travail relatif à la rédaction des déclarations, est supportée par le déclarant; cette indemnité est de *six* *centimes* par ligne transcrite sur chaque déclaration.

Ce mode de conservation des matrices est sans doute très-simple, mais il ne donne pas toute la régularité qu'on obtiendrait si l'on opérait sur les plans parcellaires tous les changemens de configurations des parcelles survenus par ventes, échanges, divisions, etc.

Le règlement du 10 octobre 1821 porte « que » l'on a écarté cette idée à cause de l'immensité du » travail qu'exigeraient les ratifications sur le ter- » rain, et de l'énormité de la dépense. »

Manuel trig., note 1re. Je conviens qu'il y aurait plus de travail et une dépense plus forte, si l'on faisait les mutations sur les plans; mais aussi l'opération serait plus facile à suivre, parce qu'elle pourrait se renouveler d'après le terrain même que l'on aurait toujours devant les yeux, et le propriétaire serait dans tous les temps à même de reconnaître avec plus de facilité si toutes ses propriétés sont bien portées à la matrice telles qu'elles sont sur le terrain : d'ailleurs, je ne pense pas que le travail fût aussi considérable et la dépense aussi énorme qu'on pourrait se l'imaginer, surtout s'il y avait dans chaque canton un employé chargé de suivre sur les plans les mouvemens des propriétés, et auquel on donnerait la perception du canton, et si, d'un autre côté, il recevait des propriétaires l'indemnité accordée aux contrôleurs pour les mutations.

On trouverait suffisamment de sujets en état de remplir ces deux fonctions.

Le mode de conservation peut aussi être très-simple : d'abord, pour mettre plus d'ordre, de facilité et d'économie dans la conservation des plans, on pourrait diviser chaque section en grands polygones limités par des tenans fixes ; désigner chacun de ces polygones par un caractère distinctif, et leur donner un ordre particulier de numéro, c'est-à-dire, que le numérotage de chacun de ces polygones commencerait par le n° 1.

On ferait une copie en forme d'atlas de la minute du plan, et ce serait sur cette copie que les additions, soustractions et divisions se feraient. La minute resterait pour type de la première opération.

L'employé chargé de la conservation ferait les plans nécessités par les mutations. Ces plans par-

tiels seraient comparés avec le plan général sur lequel on ferait les opérations nécessaires après avoir
reconnu l'exactitude du travail. Il tiendrait note de
ces changemens, c'est-à-dire, qu'il y aurait pour
chaque polygone sectionnaire une feuille indicative
des mutations, qui ferait connaître les numéros et
l'année du changement de parcelles.

On aurait soin, d'ailleurs, de laisser un peu d'espace entre les lignes, pour avoir la facilité de diviser encore les premières divisions où cela deviendrait nécessaire par la suite.

Enfin, il y aurait un registre correspondant à
cette feuille, donnant les détails des mutations, de
manière qu'au premier coup d'œil et à chaque in-
stant ou pût reconnaître le mouvement des propriétés.

Au lieu de construire sur le plan minute toutes
les mutations opérées par divisions, réunions,
etc., on pourrait faire des plans particuliers des
numéros qui ont subi des changemens; mais les
terriers que j'ai vu suivre de cette manière appor-
taient souvent de la confusion, par le grand nombre de plans particuliers qu'il fallait consulter :
aussi les commissaires à terriers les plus distingués
faisaient-ils, sur le plan minute, tous les changemens survenus sur le terrain.

Alors il peut arriver qu'après 15 ou 20 ans il ne
soit plus possible de suivre les mutations sur le
plan, à cause des petites divisions qui peuvent s'y
trouver : dans ce cas, on fait une copie exacte de

la minute du plan, avec tous les changemens opé-
rés depuis sa confection, et un nouveau numérotage pour chaque polygone sectionnaire qui a subi
des mutations. La matrice du rôle serait également
recopiée en tout ou en partie, selon que les mutations l'exigeraient. Enfin, ce nouveau travail serait regardé comme une nouvelle minute, tant
pour le plan que pour la matrice, et on opérerait
sur ce nouveau plan parcellaire comme on l'a fait
sur le premier, et ainsi de suite (1).

Tel est, à peu près, ce qu'on peut faire pour
suivre les mutations, et reconnaître toujours le
terrain à l'inspection du plan.

Le règlement précité, du 10 octobre 1821, a
tracé la marche à suivre pour connaître les changemens qui surviennent aux parcelles.

Si l'on voulait prévenir l'insouciance, on pourrait déposer chez le percepteur chargé des mutations un extrait de la matrice du rôle de chaque
commune de son canton ; cet extrait contiendrait
le n° du plan, le nom du propriétaire, celui de la
parcelle, sa contenance, sa nature et son évaluation. En faisant sa perception, il aurait l'attention
de demander aux propriétaires, fermiers ou représentans, s'ils n'ont point fait de ventes, d'é-
changes, de partage, etc. Dans le cas de l'affir-
mative, il inscrirait sur son registre les n°ˢ qui ont

_____

(1) On pourrait, si on le jugeait convenable, faire une nouvelle évaluation, qui occasionnerait peu de frais.

subi des changemens, et, indépendamment de ces
renseignemens, il se rendrait, à la fin de chaque
année, dans la commune, comme le font MM. les
contrôleurs, pour constater ces mutations en présence du maire et des répartiteurs; puis il irait sur
le terrain pour y faire les opérations d'arpentage
qui seraient nécessaires.

On a mis ci-après la feuille indicative des mutations, et le registre correspondant qu'on pourrait
établir. Ils me paraissent ordonnés de manière à
pouvoir suivre les changemens avec clarté et facilité.

Sur cette feuille, on voit que le n° 5 a été divisé
en trois parties *a*, *b*, *c*, en 1828; qu'en 1837, on a
encore divisé en deux la portion *a*, et qu'en 1838,
c'est la partie *c* qui a été aussi partagée en deux.

On voit également que le n° 2 se trouve divisé
en deux portions *a* et *b*, en 1830, et qu'en 1834 le
propriétaire du n° *a* est devenu acquéreur, dans le
n° *b*, d'une portion *c*.

En 1832, le n° 9 a acquis, dans le n° 10, une
portion *a*; en 1837, cette propriété est vendue, et
cette même année, le reste du n° 10 se trouve divisé en deux parties.

Enfin, en 1839, ces deux portions sont vendues
à un seul propriétaire. On voit aussi que les n°ˢ 15
et 16 ont été réunis en 1831,..... etc.

Sur le registre de détails sont développés tous
les changemens qui se trouvent sur la feuille indicative.

Par exemple, on y voit le n° 5 partagé, le 15
juin 1828, en trois parties égales, avec les noms
des nouveaux propriétaires; que le n° 6 a été ven-
du, le 10 octobre 1829, à Jean Le Breton, labou-
reur à.....; que le n° 9, ayant acquis une portion a
du n° 10, est maintenant de $78^m,60$, au lieu de
$58^m,60$; que le n° 10 n'est plus que de $67^m,54$, au
lieu de $87^m,54$; enfin, que l'évaluation du n° 9 est
actuellement de 31^f, et celle du n° 10 de 27^f,... etc.

Remarque. Les anciens seigneurs avaient tellement senti la nécessité de conserver les plans, qu'ils
chargeaient un arpenteur de suivre sur leurs plans
terriers toutes les mutations; ceux qui, dans des
temps plus reculés, n'avaient pas pris cette précaution, et faisaient faire les changemens sur des registres, d'après les déclarations des particuliers, ont
fini par ne plus s'y reconnaître; il ne faut pour cela
que 15 à 20 ans; l'on détruit ainsi un beau travail,
qui existerait toujours s'il était bien suivi.

ADDITIONS.

———

158. Le géomètre en chef ayant le choix de ses collaborateurs, doit les examiner avant de les employer. Dans cet examen, il ne doit pas se laisser séduire par des réponses théoriques. Il faut, pour être commissionné, avec une théorie suffisante, avoir levé exactement le plan de plusieurs communes, et pouvoir faire une bonne triangulation. Il faut, en outre, une écriture bien lisible, bien conformée, et l'intelligence propre à obtenir tous les renseignemens exigés.

Les règlemens sur l'exécution des opérations du cadastre portent que les géomètres commissionnés doivent exercer leurs fonctions par eux-mêmes. Ils doivent tout leur temps aux travaux de l'arpentage, et lorsque des affaires personnelles les obligent de quitter momentanément leurs opérations, ils en préviennent le géomètre en chef, qui demande au préfet un congé pour eux, s'il y a lieu. Lorsque l'absence doit être de peu de temps, il suffira que le géomètre en chef en soit prévenu. Enfin, celui-ci doit être instruit de toutes les causes qui peuvent ralentir les opérations.

Le géomètre-arpenteur ne peut quitter le département où il est commissionné pour aller travailler aux mêmes opérations dans un autre département, qu'après avoir justifié qu'il a entièrement rempli ses engagemens dans le département qu'il veut quitter.

———

159. Le géomètre-arpenteur est responsable non-seulement des travaux qui sont faits par lui ou sous sa surveillance, mais

34

encore de tous autres qui se trouveraient inutiles par suite de l'irrégularité du plan : il a son recours contre les auxiliaires qui lui auraient remis un mauvais travail. Cette disposition des instructions se rattache particulièrement à la note du n° 227.

L'administration exerce la retenue des frais sur le géomètre en chef, et celui-ci sur ses collaborateurs.

Le préfet ordonne la vérification dont il est question dans la note précitée, lorsque, sur le rapport du directeur des contributions, ou sur des informations particulières, il aurait lieu de penser que le plan est défectueux; lorsque le contrôleur, en parcourant le terrain avec les propriétaires classificateurs, aurait remarqué des erreurs *matérielles;* lorsqu'enfin, par suite de la communication des bulletins aux propriétaires, il s'élèverait un trop grand nombre de réclamations.

———

160. D'après l'art. 2 de l'ordonnance royale du 3 octobre 1821, les communes qui voudront faire exécuter le parcellaire de leur territoire par *anticipation*, en feront la demande au préfet, en offrant de faire l'avance des frais, qui leur seront remboursés lorsque les opérations seront portées dans le canton d'où elles dépendent.

L'art. 3 du règlement porte que ces travaux anticipés ne doivent être autorisés qu'autant qu'ils ne tendraient pas à ralentir ceux compris au budget cadastral.

———

161. Une décision du ministre des finances, du 20 octobre 1809, insérée au R. M., art. 158, porte :

« Les terrains connus sous la dénomination de *pies d'assée*,
» ou étangs en eau, qui consistent en prés et terres labourables, successivement couverts d'eau et desséchés périodique-

» ment, appartenant à différens propriétaires, les uns jouis-
» sant de la terre (ce droit s'appelle *droit d'assée*), les autres du
» droit de la couvrir d'eau (appelé *droit d'évolage*), doivent être
» détaillés pour toutes les parcelles cultivées; et pour déter-
» miner le droit d'évolage, passible aussi de l'impôt, le géo-
» mètre-arpenteur entourera d'un léger filet en teinte verte
» toutes les parcelles soumises à ce droit, et les annotera sur
» le tableau indicatif. »

Cette décision devrait être à la suite du n° 113.

FIN.

TABLE

DES CORDES,

DE 5 MINUTES EN 5 MINUTES

DEPUIS 6 DEGRÉS JUSQU'A 90;

POUR UN RAYON DE 1000 PARTIES.

(A)

Nota. La première colonne de chaque page contient les minutes de 5 en 5. Les colonnes suivantes, à la tête desquelles sont placés les degrés, indiquent la valeur des cordes. Dans ces colonnes, on voit certains nombres isolés, qui vont toujours en augmentant d'une unité. Vers la droite de ces colonnes est un chiffre réprésentant les unités simples, et chaque nombre isolé est censé écrit au-dessous de lui-même, et vis-à-vis ces unités simples, autant de fois qu'il est nécessaire pour que chaque ligne soit remplie.

Dans cette table, on a supprimé les fractions décimales, et on a eu soin d'augmenter le premier chiffre de la droite d'une unité, lorsque la fraction décimale excède une demi-unité.

Par exemple, pour la corde de 84°, au lieu de 1338,3, que nous avons indiqué pour 236, pour la corde de ce nombre de degrés, nous avons mis seulement 1338. De même, à la corde de 87°, on n'a mis que 1377 au lieu de 1376,7.

ʹ	6°	7°	8°	9°	10°	11°	12°
0	105	122	139	157	174	192	209
5	6	3	141	8	6	3	210
10	8	5	3	160	7	5	2
15	9	6	4	1	9	6	3
20	110	8	5	3	180	7	5
25	2	9	7	4	1	9	6
30	3	131	8	6	3	200	8
35	5	2	150	7	4	2	9
40	6	4	1	8	6	3	221
45	8	5	3	170	7	5	2
50	9	7	45	1	9	6	3
55	121	8	5	3	190	8	5
60	2	9	7	4	2	9	6

ʹ	13°	14°	15°	16°	17°	18°	19°
0	226	244	261	278	296	313	330
5	8	5	2	9	7	4	1
10	9	7	4	281	8	6	3
15	231	8	5	3	300	7	4
20	2	9	7	4	1	9	6
25	4	251	8	5	3	320	7
30	5	2	270	7	4	1	9
35	6	4	1	8	6	3	340
40	8	5	3	290	7	4	2
45	9	7	4	1	8	6	3
50	241	8	5	3	310	7	4
55	2	260	7	4	1	9	6
60	4	1	8	6	3	330	7

ʹ	20°	21°	22°	23°	24°	25°	26°
0	347	264	382	399	416	433	450
5	9	6	3	400	7	4	451
10	350	7	4	2	9	6	3
15	2	9	6	3	420	7	4
20	3	370	7	4	1	9	6
25	4	2	9	6	3	440	7
30	6	3	390	7	4	1	8
35	7	4	2	9	6	3	460
40	9	6	3	410	7	4	1
45	360	7	4	2	9	6	3
50	2	9	6	3	430	7	4
55	3	380	7	4	1	8	5
60	4	2	9	6	3	450	7

'	27°	28°	29°	30°	31°	32°	33°
0	467	484	501	518	534	551	568
5	8	5	2	9	6	3	9
10	9	7	4	520	7	4	571
15	470	8	5	2	9	5	2
20	2	9	6	3	540	7	4
25	4	491	8	5	1	8	5
30	5	2	9	6	3	560	6
35	7	4	511	7	4	1	8
40	8	5	2	9	6	2	9
45	480	6	3	530	7	4	581
50	1	8	5	2	8	5	2
55	2	9	6	3	550	7	3
60	4	501	8	4	1	8	5

'	34°	35°	36°	37°	38°	39°	40°
0	585	601	618	634	651	668	684
5	6	3	9	6	2	9	5
10	7	4	621	7	4	670	7
15	9	5	2	9	5	2	8
20	590	7	4	640	7	3	9
25	2	8	5	1	8	4	691
30	3	610	6	3	9	6	2
35	4	1	8	4	661	7	4
40	6	2	9	6	2	9	5
45	7	4	630	7	3	680	6
50	9	5	2	8	5	1	8
55	600	7	3	650	6	3	9
60	1	8	5	1	8	4	700

'	41°	42°	43°	44°	45°	46°	47°
0	700	717	733	749	765	781	797
5	2	8	4	751	7	3	9
10	3	9	6	2	8	4	800
15	4	721	7	3	9	5	1
20	6	2	8	5	771	7	3
25	7	3	740	6	2	8	4
30	8	5	1	7	3	9	5
35	710	6	2	9	5	791	7
40	1	8	4	760	6	2	8
45	2	9	5	1	7	3	9
50	4	730	7	3	9	5	811
55	5	2	8	4	780	6	2
60	7	3	9	5	1	7	3

'	48°	49°	50°	51°	52°	53°	54°
0	813	829	845	861	877	892	908
5	5	831	6	2	8	4	9
10	6	2	8	4	9	5	911
15	7	3	9	5	881	6	2
20	9	5	851	6	2	8	3
25	820	6	2	8	3	9	4
30	1	7	3	9	5	900	6
35	3	9	4	870	6	1	7
40	4	840	6	2	7	3	8
45	5	1	7	3	9	4	920
50	7	3	8	4	890	5	1
55	8	4	860	5	1	7	2
60	9	5	1	7	2	8	3

'	55°	56°	57°	58°	59°	60°	61°
0	923	939	954	970	985	1000	1015
5	5	940	6	1	6	1	6
10	6	2	7	2	7	3	8
15	7	3	8	3	9	4	9
20	9	4	9	5	990	5	1020
25	930	5	961	6	1	6	1
30	1	7	2	7	2	7	3
35	2	8	3	8	4	9	4
40	4	9	4	980	5	1010	5
45	5	950	6	1	6	1	6
50	6	2	7	2	7	3	8
55	8	3	8	4	9	4	9
60	9	4	970	5	1000	5	1030

'	62°	63°	64°	65°	66°	67°	68°
0	1030	1045	1060	1075	1089	1104	1118
5	1	6	1	6	1090	5	1120
10	3	7	2	7	1	6	1
15	4	9	3	8	2	7	2
20	5	1050	5	1080	4	9	3
25	6	1	6	1	5	1110	4
30	8	2	7	2	7	1	6
35	9	4	9	3	8	2	7
40	1040	5	1070	4	9	3	8
45	1	6	1	6	1100	5	9
50	2	7	2	7	1	6	1130
55	4	9	3	8	3	7	2
60	5	1060	5	9	4	8	3

′	69°	70°	71°	72°	73°	74°	75°
0	1133	1147	1161	1176	1190	1204	1217
5	4	8	3	7	1	5	9
10	5	9	4	8	2	6	1220
15	6	1151	5	9	3	7	1
20	8	2	6	1180	4	8	2
25	9	3	7	1	6	9	3
30	1140	4	8	3	7	1211	4
35	1	5	1170	4	8	2	6
40	2	7	1	5	9	3	7
45	4	8	2	6	1200	4	8
50	5	9	3	7	1	5	9
55	6	1160	4	9	2	6	1230
60	7	1	6	1190	4	7	1

′	76°	77°	78°	79°	80°	81°	82°
0	1231	1245	1259	1272	1286	1299	1312
5	2	6	1260	3	7	1300	3
10	4	7	1	4	8	1	4
15	5	8	2	5	9	2	5
20	6	1250	3	7	1290	3	6
25	7	1	4	8	1	4	8
30	8	2	5	9	2	5	9
35	9	3	6	1280	3	7	1320
40	1240	4	8	1	4	8	1
45	2	5	9	2	6	9	2
50	3	6	1270	3	7	1310	3
55	4	7	1	4	8	1	4
60	5	9	2	6	9	2	5

′	83°	84°	85°	86°	87°	88°	89°
0	1325	1338	1351	1364	1377	1389	1402
5	6	9	2	5	8	1390	3
10	7	1340	3	6	9	1	4
15	8	1	4	7	1380	2	5
20	1330	3	5	8	1	3	6
25	1	4	6	9	2	4	7
30	2	5	8	1370	3	6	8
35	3	6	9	1	4	7	9
40	4	7	1360	2	5	8	1410
45	5	8	1	3	6	9	1
50	6	9	2	5	7	1400	2
55	7	1350	3	6	8	1	3
60	8	1	4	7	9	2	4

TABLE DES MATIÈRES.

CADASTRE parcellaire,   page 1

Extrait de la loi des finances qui ordonne que les opérations cadastrales seront circonscrites dans chaque départemt,   3

Ordonnance du roi, qui règle le mode qui sera suivi dans l'exécution du parcellaire,   *Ibid.*

Précis du règlement pour l'exécution des lois ci-dessus,   5

DÉLIMITATION.
- Délimitateur,   7
- Rédaction du procès-verbal,   8
- Contestations sur les limites,   9
- Enclaves,   10
- Communes susceptibles d'être réunies, *Ibid.*
- Envoi du procès-verbal de vérification au géomètre en chef,   11
- Procès-verbal provisoire,   *Ibid.*
- Tableau de circonscription de la commune, 12

Division en sections,   *Ibid.*

Position de la base,   13

Précis de la triangulation,   14

Table des logarithmes,   17

Usage des logarithmes,   18

Complémens arithmétiques,   20

Enoncé des principes du calcul des triangles,   21

Signes au moyen desquels on représente les degrés, minutes et secondes,   *Ibid.*

Règles servant à calculer les triangles,   22

APPLICATION NUMÉRIQUE.

Triangles rectangles.

Etant donné un côté et un angle aigu, calculer les deux autre côtés,   25

Connaissant les deux côtés rectangulaires d'un triangle, calculer l'un de ses angles aigus,   page 27

Triangles obliquangles.

Connaissant un côté et les angles d'un triangle obliquangle,
calculer les deux autres côtés,   27

Connaissant deux côtés et l'anglé compris, calculer les deux
autres angles et le troisième côté,   ·   28

Même solution, en employant les logarithmes au lieu des
côtés connus,   29

Application de la formule approximative pour le cas où l'angle compris est très-obtus,   30

Trouver les angles d'un triangle dont on connaît les trois
côtés,   ·   31

Observation sur la différence qu'on peut trouver en calculant
les trois angles d'un triangle,   32

Description du vernier,   33

Précaution qu'il faut prendre en faisant l'acquisition d'un graphomètre,   35

Estimer la grandeur d'un angle sur le graphomètre,   *Ibid.*

Vérification d'un graphomètre,   36

Rectification des fils des lunettes et du parallélisme,   38

Théodolite répétiteur de M. Reichenbac,   39

Usage de cet instrument,   40

Problèmes qu'il faut savoir résoudre lorsqu'on est chargé de
faire une triangulation un peu étendue.

Déterminer la distance entre deux objets auxquels il est impossible d'aller directement de l'un à l'autre,   41

Conditions les plus avantageuses au calcul des triangles,   42

Les côtés et les angles d'un triangle étant connus, calculer la
distance d'un point quelconque à chacun des sommets de
ce triangle,   42

Solution graphique de la même question,   45

Application numérique à un exemple,   46

Moyen de résoudre ce problème lorsqu'on ne connaît pas directement les côtés et les angles du triangle qui sert à placer le quatrième point,   page 47

Autre solution en employant les distances à la méridienne et à sa perpendiculaire,   48

Connaissant la distance de deux objets auxquels il est impossible d'aller, trouver celle de deux autres objets que l'on ne peut observer d'aucun endroit, mais de chacun desquels on peut observer les trois autres,   49

Autre problème utile aux géomètres-arpenteurs, et même aux vérificateurs des plans,   51

Réduction au centre des stations,   53

Définitions et formules relatives à la position de l'observateur,   *Ibid.*

Application numérique,   57

Moyens de lever les obstacles que l'on peut rencontrer dans ces sortes d'opérations,   58

Des signaux ;

et reconnaissance des endroits où il convient de les placer sur le terrain dont on veut faire la triangulation,   60

Mesure de la base trigonométrique,   62

Observation des angles,   63

Exemple appliqué à la fig. 14,   65

Registre des observations trigonométriques,   73

Calculs de la triangulation,   74

Registre du calcul approximatif des côtés,   77

Indication de la marche à suivre pour la réduction des angles au centre,   78

Nouveau registre après la réduction au centre,   79

Autre registre établi d'après le nouveau calcul qu'on fait en employant les angles moyens,   80

Déterminer la direction d'une ligne méridienne,   81

Rapporter tous les points d'une triangulation à la méridienne et à sa perpendiculaire,   *Ibid.*

Registre présentant le résultat des opérations trigonométriques, page 86

Canevas trigonométrique, 87

Vérification de la trigonométrie, 88

Parcellaire.

Indication des instrumens dont on doit se servir, 90

Vérification de la chaîne, 91

—— de l'alidade, 92

—— de la boussole et du déclinatoire, 93

—— de l'équerre, 94

Rapport des points trigonométriques qui doivent servir au levé du détail, 95

Remarque relative à cette opération, 96

Elever une perpendiculaire à une ligne donnée sans le secours de l'équerre, 96

Echelles avec lesquelles on peut construire les plans parcellaires, 97

Levé du détail du plan.

Avec le graphomètre et l'équerre, 98

Avec la boussole, 117

Observation sur l'usage de la boussole, 116

Des levés à la planchette, 120

Plans d'une petite étendue, 123

— d'une plus grande étendue, 129

Précautions qu'il faut prendre quand on change le papier qui est sur la planchette, 140

Placer sur le second papier posé sur une planchette un point qu'on n'a pu mettre sur le premier papier, 142

Placer sur une planchette un point dont la véritable position se trouve sur la précédente, de manière que ce point puisse servir à vérifier les opérations de cette planchette, 143

Étant posé sur la planchette un point D (fig. 22) auquel on peut s'orienter et diriger un rayon sur un objet F, placer sur la direction DF un point C, en admettant qu'il est impossible de mesurer CD, et d'apercevoir cet objet d'autres stations, mais qu'on peut voir un objet A placé sur le terrain, page 145

Placer avec la planchette un quatrième point par la connaissance de trois autres déterminés sur le plan, 147

Remarque sur cette solution, *Ibid.*

Deux points étant placés sur la planchette, tracer dessus une base qu'on ne peut apercevoir des points placés, ni d'aucun endroit qui se trouve en relation avec eux sur la planch^te, 148

Connaissant un triangle, placer des points dans son intérieur, sans déranger la planchette d'un des sommets auquel on est placé, et en supposant qu'il est possible de mesurer l'un des côtés, 149

Développement des parties du parcellaire qui présentent beaucoup de détail, 150

Notes que doit prendre le géomètre-arpenteur à mesure qu'il opère sur le terrain, 151

Etats de situations, 153

Rapport sur le papier des opérations faites sur le terrain, *Ibid.*

Rapporter le plan d'une figure levée avec le graphomètre, 155

Rapporter sur le papier un plan levé avec la boussole, 161

Marche que les géomètres-arpenteurs doivent suivre en faisant le parcellaire d'une commune, 164

Indications et numérotage provisoire, 177

Numérotage définitif, 184

Mise au net du tableau indicatif, et rédaction de l'état des copropriétaires indivis, 185

Écritures à mettre sur les plans, et tracé des méridiennes sur toutes les feuilles du parcellaire, 187

Couleurs, 190

Construction du tableau d'assemblage, 191

Remise au géomètre en chef, par l'arpenteur, de différentes pièces du parcellaire, 198

Aperçu des différentes natures de cultures, 199

Vérification du plan sur le terrain, 202

Calculs des plans et des propriétés,   page 210

Contenances portées sur le tableau indicatif,   218

Réduction en mesure locale,   *Ibid.*

Atlas portatif,   219

Bulletin des propriétés,   220

Communication des bulletins,   *Ibid.*

Rectifications à opérer d'après les observations fondées des propriétaires,   221

Réarpentage demandé par les propriétaires,   223

Erreurs du plan et du tableau indicatif reconnues lors de l'expertise,   224

L'arpenteur ne doit être détourné de ses travaux que lorsqu'il y a nécessité absolue,   *Ibid.*

Atlas,   226

Prix des extraits de plan,   227

Frais d'affiches et d'impressions,   228

Epoques des paiemens { au géomètre en chef,   *Ibid.* / aux géomètres-arpenteurs,   229

Récapitulation des pièces à remettre au géomètre en chef,   230

Comparaison des mesures anciennes avec les nouvelles, et réciproquement,   231

Rapporteur exact,   235

Remarque sur l'usage du rapporteur exact,   236

Rapporteur exact remplacé par les sinus naturels,   237

Mesurer une ligne inaccessible avec une chaîne et des jalons,   238

Construction d'une échelle des parties égales,   239

Manière de copier les plans,   240

Sur une ligne donnée, décrire un arc de cercle capable d'un angle donné,   243

Jalonnage des lignes,   *Ibid.*

Précautions qu'il faut prendre pour bien mesurer une ligne droite avec la chaîne,   245

Remarque sur la manière de tenir la chaîne dans les terrains inclinés,   247

Transformer un polygone en un triangle de même surface, 248

Plans visuels, 249

Bornes, 250

Expertise, 253

Mutations { sur les registres, 257

sur les plans, 258

Additions, 265

Examen des géomètres-arpenteurs, etc., *Ibid.*

Responsabilité des géomètres, *Ibid.*

Parcellaire entrepris par anticipation, 266

Distinction des droits d'évolage et d'assec, *Ibid.*

Table des Cordes, 271

FIN DE LA TABLE DES MATIÈRES.

ERRATA.

Pag.   Lig.

3   3 elles furent suspendues, *lisez* il fut suspendu.

13   20 1823, *lisez* 1803.

48   16 supprimez la virgule.

58   14 au-dessus, *lisez* au-dessous.

102   21 plus, *lisez* puis.

105   25 MCD, *lisez* l'angle MCD.

110   19 (58), *lisez* (57).

118   10 P, *lisez* Z. ★

131 dern. le même signe, *lisez* la même ligne.

142   10 un troisième papier sur la planchette, *lisez* dessus
un nouveau papier.

145   22 $p'C$, lisez $p'C^u$. ★

151   26 positives, *lisez* ponctuées. ★

155   16 changez b en d, et réciproquement. ★

156   14 est, *lisez* et.

186 {   3 après la virgule *lisez* et. ★

      {   5 au lieu de : *lisez* , ★

190   en marge, au-dessous de R. M., *lisez* 298.

193   22 en marge, *lisez* fig. 29.

198   16 ôtez le tableau d'assemblage.

232   5 $0^m,324894$, *lisez* $0^m,3248394$. ★

Nota. Le signe ★ indique les corrections indispensables.

Modèle N.º 1.

Croquis visuel de la Limite
entre la Commune
de S.ᵗ Remy
et celle de S.ᵗ Martin
Art _ du Procès verbal

PROCÈS-VERBAL DE DÉLIMITATION.

DÉPARTEMENT

d·

ARRONDISSEMENT
d

CANTON
d

COMMUNE
d

L'an mil huit cent le jour du mois d·
nous, géomètre-délimitateur, nommé par M. le préfet du département d pour
procéder, conformément aux instructions du ministre des finances, à la reconnaissance des lignes de cir-
conscription de la commune d nous sommes transporté au chef-lieu, en la
mairie, où nous avons trouvé M. maire de ladite commune, M.
adjoint, et indicateurs, nommés par lui, ainsi que
les maires, adjoints et indicateurs de communes ci-après désignées, convoqués et rassemblés pour con-
stater contradictoirement la démarcation du territoire d

Arrivés sur le terrain, nous avons choisi pour point de départ, celui du périmètre de la commune
d qui, se trouvant le plus au nord, sert de séparation aux territoires des deux
communes d et et nous avons parcouru la ligne
de circonscription, en allant du nord à l'est, puis au sud et à l'ouest, ayant toujours à notre droite le
territoire d et à notre gauche, successivement ceux d
et *ainsi qu'il suit :*

ARTICLE Iᵉʳ.

LIMITES AVEC LA COMMUNE D

NOTA. Chaque article est signé des maires et indicateurs des communes qu'on délimite,
et du géomètre-délimitateur.

DÉPARTEMENT
d
ARRONDISSEMENT
d
CANTON
d
COMMUNE
d

TABLEAU indicatif de la longueur des lignes, de l'ouverture des angles ;
et des directions qui déterminent la véritable circonscription de la commune
de
pour faire suite au procès-verbal de délimitation.

COMMUNES LIMITANTES.	DÉSIGNATION DE CHAQ. PARTIE DE LA LIGNE DE CIRCONSCRIP.	LONGUEURS DÉVELOPPÉES		DIRECTIONS.	ANGLE que fait chaque partie avec celle qui la précède pour les lignes droites seulement.		OBSERVATIONS.
		partielles.	réunies par commune délimitante.		Indication de l'angle.	Valeur de l'angle.	

Longueur totale de la circonscription de la
commune. . . . .

DÉPARTEMENT

DE

======

COMMUNE

DE

PROCÈS-VERBAL [1]

DE LA DIVISION DU TERRITOIRE DE LA COMMUNE D

EN SECTIONS.

—————◆—————

L'ʌɴ mil huit cent   le   du mois d
Nous, géomètre-arpenteur chargé du parcellaire de la commune de
avons fait, de concert avec M. le maire, la division
du territoire de cette commune en sections, comme il suit :

La première section A *, dite du Gros-Chêne, est limitée ; savoir :*

Au nord, par

Au levant, par

Au midi, par

Au couchant, par

La section B *, dite de   est la portion du territoire limitée ;*
savoir :

Au nord, etc.

Rédigé à   le   182

LE MAIRE,   LE GÉOMÈTRE-ARPENTEUR,

───────────────────

(1) Ce procès-verbal doit se trouver à la suite de celui de délimitation, conformément à l'art. 7 du règlement du 10 octobre 1821.

PROCES-VERBAL

DE L'EMPLACEMENT DE LA BASE.

*V*oulant *déterminer l'emplacement de la base qui a servi pour éta-blir les opérations trigonométriques faites pour le levé du plan par-cellaire de la commune d*

    Nous avons reconnu que son extrémité A *est*

    Son extrémité B

    Sa longueur de

Et, pour que cette base puisse se retrouver dans tous les temps, nous en avons fixé les extrémités avec des bornes ou de forts piquets.

Fait à   le

LE MAIRE,   LE GÉOMÈTRE-ARPENTEUR ;

CADASTRE. ÉTAT DE SITUATION EXERCICE 182

DÉPARTEMENT DE L'ARPENTAGE PARCELLAIRE CANTON
DE DE
————— DE LA COMMUNE D
ARRONDISSEMENT COMMUNE
DE AU 25 182 DE .

NOMBRE D'ARPENS		NOMB. DE PARC.ᴵˡᵉˢ		TOTAUX.		DEGRÉ	TABLEAUX	OBSERVATIONS
levés antérieur¹.	pendant le mois.	levées antérieur¹.	pendant le mois.	Arpens.	Parcelles.	D'AVANCEM¹.	INDICATIFS.	
1500	300	3000	550	1800	3550	$\frac{4}{7}$	«	

Le présent état certifié par le géomètre-arpenteur soussigné
à le 182

DÉPARTEMENT   ÉTAT DE SITUATION DES TRAVAUX DE L'ARPENTAGE PARCELLAIRE
de   DU CANTON DE

COMMUNES.	Contenances.	Parcelles.	GÉOMÈTRES-ARPENTEURS.	TRAVAUX DU TERRAIN.											TRAVAUX DE BUREAU.					Communication des bulletins.	Date de la remise des pièces à la direction.	Observations.
				Date de l'ouverture.	délimitation.	TRIANGUL.		Levés des détails.	Rapport sur les plans.	Indicateurs.	Tableau indicatif.	LISTE des propres et relevé des nos.	Vérification du plan.	CALCULS.		Bulletin.	Calque portatif.				
						Registre et canet.	Vérific.							2e Cahr et chemin.	1er Cahr.						

Certifié par le géomètre en chef.

A   le   ;   132

FEUILLE INDICATIVE PROVISOIRE DES PROPRIÉTAIRES
ET DES NUMÉROS DE LA SECTION

COMMUNE DE

NOMS ET PRÉNOMS DES PROPRIÉTAIRES.	PROFESSIONS ET DEMEURES.	NUMÉROS		CANTONS ET LIEUX DITS.	NATURE DES PROPRIÉTÉS
		PROVISOIRES	DÉFINITIFS.		
Blanchard, Jean,	Maçon à la Ribière.	1	1	La Ribe.	Pré.
Boissou, Jacques,	Serrurier au Bourg.	1 bis.	2	Les Vergnes.,	Pré.
Taillandier; Marie, ve Duraix,	au Bourg.	2	3	La Gde-Pièce.	Terre.
Roussel, Paul,	Fabrict à la Ribière.	3	4	Des Bœufs.	Pré.
Verdillac, Martin,	Bourgeois à	3 bis.	5	De la Rue.	Terre.
Loisel, Simon,	Avocat à	4	6	La Ribière.	Pâture.
Etc.					

COMMUNE
de

TABLEAU INDICATIF DES PROPRIÉTAIRES ET DES PROPRIÉTÉS.

(Ce titre se met sur le recto de la feuille; on y indique aussi le rapport de l'arpent métrique avec les mesures du pays.)

NOMS, PRÉNOMS, PROFESSIONS ET DEMEURES DES PROPRIÉTAIRES.	Nos OU PLAN.	CANTONS OU LIEUX DITS.	NATURE DES PROPRIÉTÉS.	CONTENANCES		CLASSEMENT SUR LE TERRAIN.
				EN MESURES MÉTRIQUES.	EN MESURES LOCALES.	
				hec. ares. c.		

On met à la fin une récapitulation des bas de page, dont le total donne les objets imposables, et on ajoute les objets non imposables, qui sont : les chemins , places publiques , rivières et ruisseaux , presbytères , etc., et on n fait le total.

Nota. Dans les départemens où les domaines sont distingués, on mettra une colonne pour les indiquer.

ÉTAT

DES CO-PROPRIÉTAIRES DES PROPRIÉTÉS INDIVISES.

PARCELLE 52 7 ARPENS 32 PERCHES,

1 Lemoine (Jean), — 1 arpent 10 p.
2 Loisel (Simon), — 1 . . . . 10 p.
    Etc.

Les droits des co-propriétaires peuvent être établis sur d'autres bases, par exemple, chaque propriétaire peut avoir droit à tant de coups de faulx dans un pré, ou à faire paître un certain nombre de vaches dans une pâture ; ou bien encore, plusieurs propriétés peuvent être indivises entre les mêmes co-propriétaires, dont chacun d'eux a une même portion éterminée dans chacune de ses propriétés.

Dans le premier cas, l'état est aisi rédigé :

PARCELLE 52. 7 ARPENS 32 PERCHES.

1 Lemoine (Jean), — 25 coups e faulx.
2 Loisel (Simon), — 20   *idm.*
    Etc.

Dans le second cas, on mettra :
1 Lemoine (Jean), — 25 vaches.
2 Loisel (Simon), — 20 *idem.*
    Etc.

Et dans le troisième cas :

Nᵒˢ	État des propriétés indivises.	État des propriétaires qui possèdent les propriétés ci-contre.
12.	Terre labourable 1 arpent 35 perche.	1 Lemoine (Jean), — ⅓.
20.	Pré. . . . . 2 — 30 *idem.*	2 Loisel (Simon), — ¼.
35.	Terre. . . . . . . » — 38 *idem.*	3 . . . .
.	Etc.	Etc.

Vi par le géomètre en chef,

A   *le*   182

Cet état est certifié exact par le géomètre-rpenteur.

DEPARTEMENT DE *RELEVÉ, par ordre alphabétique, des propriétaires, avec les numéros*

COMMUNE DE *de chacune de leurs propriétés dans chaque section (1).*

Numéros d'ordre.	NOMS ET PRENOMS DES PROPRIÉTAIRES.	PROFESSIONS ET DEMEURES.	SECTIONS ET NUMÉROS DES PARCELLES.	NOMBRE DES NUMÉROS que possède chaque propriétaire.								
				DANS LES SECTIONS								dans la commune entière.
				A.	B.	C.	D.	E.	F.	G.	H.	

(1) Dans la rédaction de cette liste, on doit observer l'ordre alphabétique jusqu'à la troisième lettre inclusivement, au moins : d'ailleurs, on a vu au n° 118 qu'il était nécessaire de bien orthographier le nom de chaque propriétaire.

DÉPARTEMENT
d
~~~~~~~~~~~~~~~~~~~~~~~

ARRONDISSEMENT
d
_____

CANTON
d
_____

COMMUNE
d

PROCES-VERBAL DE VERIFICATION.

L'an mil huit cent et le jour du mois d nous géomètre en chef du cadastre, commissionné par M. le préfet pour procéder à la vérification des plans du cadastre, nous sommes transporté dans la commune d canton d à l'effet de nous assurer de l'exactitude du plan parcellaire de cette commune, levé par M. géomètre-arpenteur, et nous avons procédé dans l'ordre suivant :

Art. 1er. Nous étant fait représenter les mesures et l'échelle dont l'arpenteur s'était servi, nous avons reconnu qu'elles la précision requise.

2. Nous avons vérifié si le plan était orienté plein nord, et nous avons reconnu que.....:..

3. Pareillement, nous avons reconnu que le plan offrait une indication......

4. Nous avons vérifié la base qui a servi au levé du plan, et nous avons trouvé que sa longueur était de mètres sur le terrain, et de mètres sur le plan, différence qui, d'après les instructions,......

5. Par l'examen que nous avons fait du canevas trigonométrique, nous avons reconnu qu'il contenait points, lesquels nous ont paru avoir été choisis......

6. Nous avons mesuré les grandes dimensions de la commune, en nous arrêtant aux limites fixes des détails que nos lignes traversent; et après avoir tracé ces lignes sur la minute du plan, et avoir comparé chacune des mesures par nous prises sur le terrain, avec chacune de celles indiquées par l'échelle du plan pour les mêmes lignes et pour les portions de lignes correspondantes, nous avons consigné dans le tableau ci-contre les résultats de cette comparaison......

7. Voulant de plus nous assurer de l'exactitude de plusieurs polygones éloignés des principales lignes de vérification, nous avons procédé au mesurage de trois parcelles par section, savoir:

Sections { A..... B..... etc.....

Comparant ensuite les dimensions que nous avons trouvées sur le terrain pour chacun de ces polygones, avec celles données par le plan pour ces mêmes polygones, nous avons reconnu que......

8. Les rues, places publiques, routes, chemins vicinaux, rivières et ruisseaux, ainsi que les montagnes, ravins et cavités, nous ont paru être tracés et figurés sur le plan avec......

9. Enfin, passant à la vérification des indications, nous avons pris les noms des propriétaires de vingt parcelles par section, savoir :

Sections { A..... B..... etc.....

Par les renseignemens que nous nous sommes procurés à cet égard, nous avons reconnu que les noms des propriétaires de ces numéros......

TABLEAU des lignes mesurées sur le terrain, et de celles correspondantes sur le plan.

DÉSIGNATION DES GRANDES LIGNES PARCOURUES.	DÉSIGNATION DES DIVERSES DISTANCES mesurées dans chaque section.	LONGUEUR DE CES DISTANCES MESURÉES		DIFFÉRENCE	NOTES ET REMARQUES.
		sur le terrain.	sur le plan.		
		M.	M.	M.	

Nota. S'il y a des rectifications à faire, on les indique dans un tableau que l'on met à la suite de celui-ci, et l'on termine par des conclusions précises : dans le premier cas, on met au bas le certifié du géomètre en chef.

SECOND CAHIER DE CALCULS.

SECTION A (1).

Calculs des triangles du polygone qui circonscrit la section.

			a.	p.	n.
1000	×	500	50	00	00
2500	×	1500	375	00	00
1900	×	400	76	00	00

TOTAL. . . 501 00 00
A déduire les parties extérieures 43 78 18

Reste. . 457 21 82

Calculs des portions comprises entre les lignes du plan et celles du polygone de circonscription.

				arp.	p.	m.
1.	400	×	20		80	00
2.	200	×	10		20	00
3.	500	×	40	2	00	00
4.	1000	×	30	3	00	00
5.	1500	×	200	30	00	00
6.	25	×	4		1	00
7.	50	×	50		25	00

36 26 00
Ajoutez la ⅟₄ des chemins, rivières et ruisseaux extérieurs 7 52 18

Reste. . . 43 78 18

SECTION B.
(Mêmes détails que pour la section A.)

(1) On peut faire ce second cahier par feuilles si la section en contient plusieurs. Chacun peut, à cet égard, suivre la marche qui lui paraîtra la plus convenable.

ÉTAT DE LA CONTENANCE DES CHEMINS, RIVIÈRES ET RUISSEAUX DE LA COMMUNE DE

SECTION.	DÉSIGNATION DES CHEMINS, RIVIÈRES ET RUISSEAUX.			
	EXTÉRIEURS.		INTÉRIEURS.	
	FACTEURS.	CONTENANCES.	FACTEURS.	CONTENANCES.
		arp. p. m.		arp. p. m.
A	CH. { $200 \times 4 =$	$8 : 00$	CH. { 300×8	$24 : 00$
	$3000 \times 6 =$	$180 : 00$	2000×3	$60 : 00$
	$1500 \times 5 =$	$75 : 00$	37×50	$18 : 50$
	R^x. et RIV. { $2000 \times 2 =$	$40 : 00$	158×10	$15 : 80$
	$2000 \times 1\frac{1}{2} =$	$15 : 90$	1350×7	$94 : 50$
	$700 \times 60 =$	$420 : 00$	952×6	$57 : 12$
	$952 \times 56 =$	$533 : 12$	830×5	$41 : 50$
	$833 \times 28 =$	$233 : 24$	$420 \times 3\frac{1}{4}$	$14 : 70$
			R^x. et RIV. { 300×20	$60 : 00$
		$15.04 : 36$	1751×15	$2.62 : 25$
			1200×2	$24 : 00$
				$6.72 : 37$
	La moitié. . .	$7.52 : 18$	. . . .	$7.52 : 18$
	Place publique.			$30 : 00$
	TOTAL de la section.			$14.54 : 55$
B	Mêmes détails que pour la section A.			$10.27 : 35$
	TOTAL de la commune.			$24.81 : 90$

Nota. On peut établir cet état par feuille lorsqu'une section en contient plusieurs.

DÉPARTEMENT
DE

PREMIER CAHER DE CALCULS.

COMMUNE
DE

SECTION

Nᵒˢ.	FACTEURS.	PRODUITS.	CONTENANCE DES NUMÉROS.	Nᵒˢ.	FACTEURS.	PRODUITS.	CONTENANCE DES NUMÉROS.
		arp. p. m.	arp. p. m.			arp. p. m.	arp. p. m.
1	36 × 50	18 00	18 00	5	40 × 30	12 00	12 00
2	50 × 15	7 50		6	25 × 4	1 00	
	37 × 20	7 40			50 × 3	1 50	
		14 90	14 90			2 50	2 50
3	195 × 98	1 91 10		7	150 × 40	60 00	
	Ôter le n° 1.	18 00			250 × 30	75 00	
		1 73 10	1 73 10			1 35 00	
4	20 × 30	6 00			Ôter le n° 6.	2 50	
			6 00			1 32 50	1 32 50
			2 12 00				1 47 00

TOTAL de la page. 3 59 00

On fait, à la fin de chaque section, la récapitulation des bas de page, et à la suite on met le résultat de l'état n° 14 de la contenance des chemins qu'on a envoyé à la direction : on ajoute également la superficie des autres objets non imposables, s'il y en a, ce qui donne la contenance totale de la section.

BULLETIN DES PROPRIÉTÉS

COMMUNE

d

de M.

N°   demeurant à . . . . (1)

SECTIONS.	NUMÉROS du PLAN.	CANTONS ou LIEUX DITS.	NATURE des PROPRIÉTÉS.	CONTENANCES EN MESURES.					(Nota. *La réduction en mesure locale a été faite à raison de par arpent métrique.*) OBSERVATIONS DES PROP^ES.
				Métriques.			Locales.		
				a.	*p.*	*m.*			
			TOTAL. . .						

Je soussigné déclare le présent bulletin exact et conforme aux propriétés que je possède dans la commune

A   le

___

(1) Le géomètre en chef pourrait mettre une lettre instructive en tête du bulletin, et indiquer le prix des extraits de plan.

ÉTAT RÉCAPITULATIF DES BULLETINS.

COMMUNE
d

NOMS, PRÉNOMS, QUALITÉS ET DEMEURES DES PROPRIÉTAIRES.	CONTENANCE de chaque bulletin en mesures métriques.	REVENU IMPOSABLE.	NOMS, PRÉNOMS, QUALITÉ ET DEMEURES DES PROPRIÉTAIRES.	CONTENANCE de chaque bulletin en mesures métriques.	REVENU IMPOSABLE

A la suite de cet état on fait la récapitulation des bas de pages, comme il suit :

NUMÉROS DES FEUILLETS.	CONTENANCES.	REVENU.
1 { 1. 2.		
2 { 1. 2.		

TOTAL des contenances et des revenus imposables.

COMMUNE TABLEAU COMPARATIF DES MESURES ANCIENNES
d   ET NOUVELLES.

	DÉNOMINATION DE LA MESURE LOCALE.	VALEUR EN MESURES MÉTRIQ.
		. Mèt.
MESURES DE LONGUEUR.	La perche de pieds. . .	
	La corde.	
	Etc.	
		Arp. Perch. Mèt.
	L'arpent.	
	L'essain.	
MESURES AGRAIRES.	Le pichet.	
	La setérée.	
	Etc.	

Cet état est certifié par le maire.

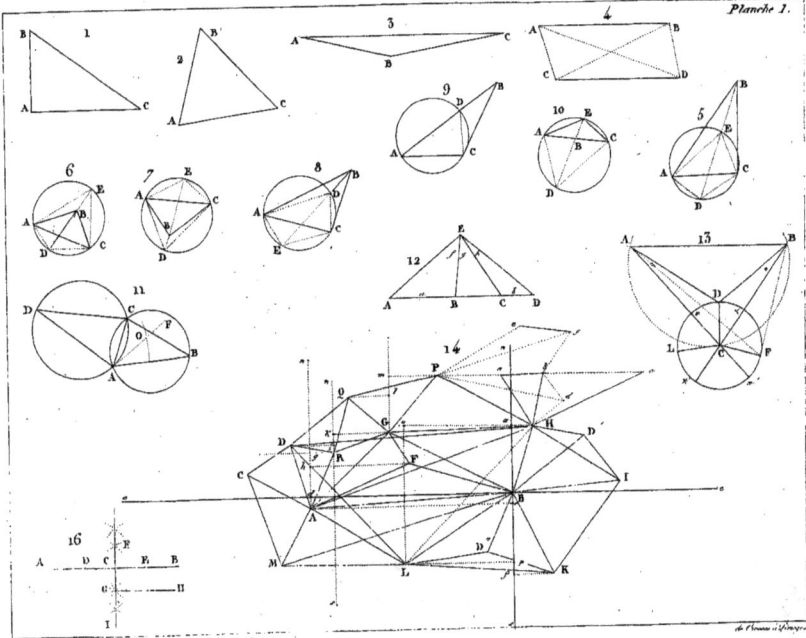

Planche II

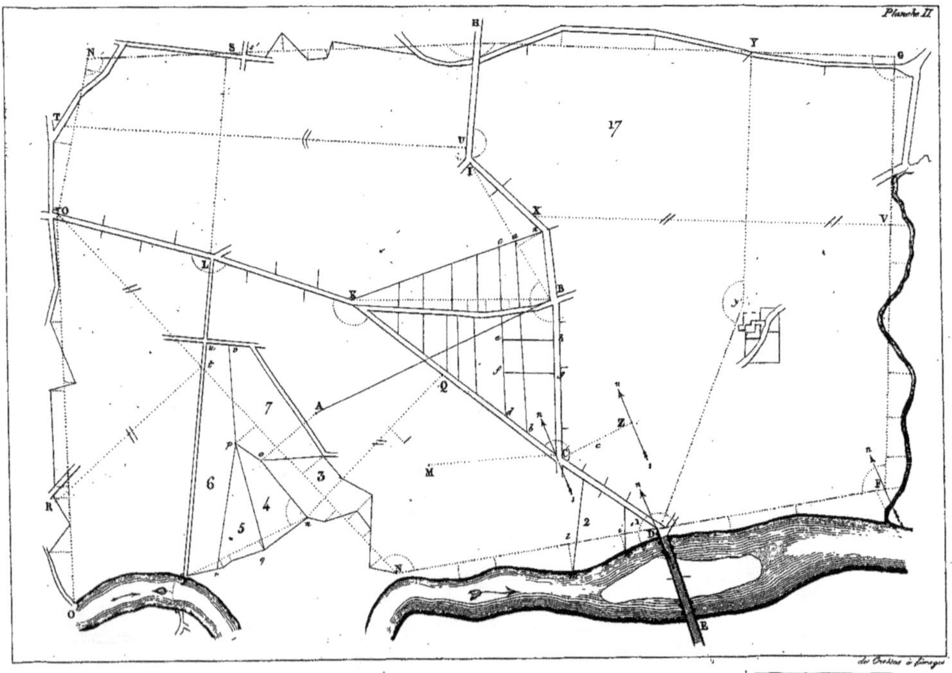

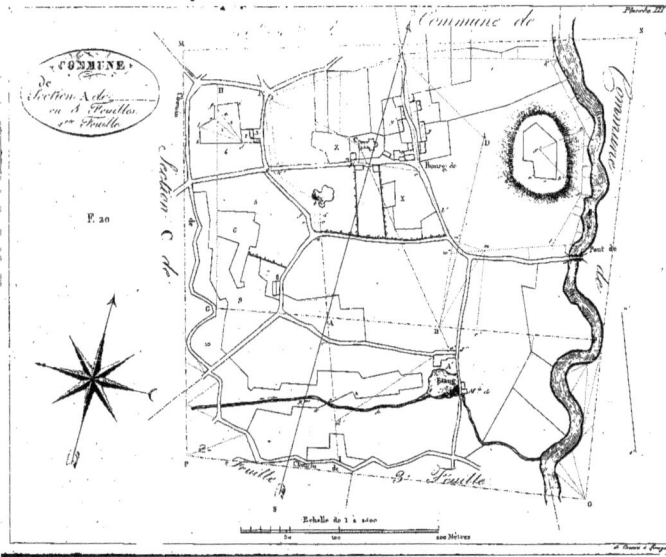

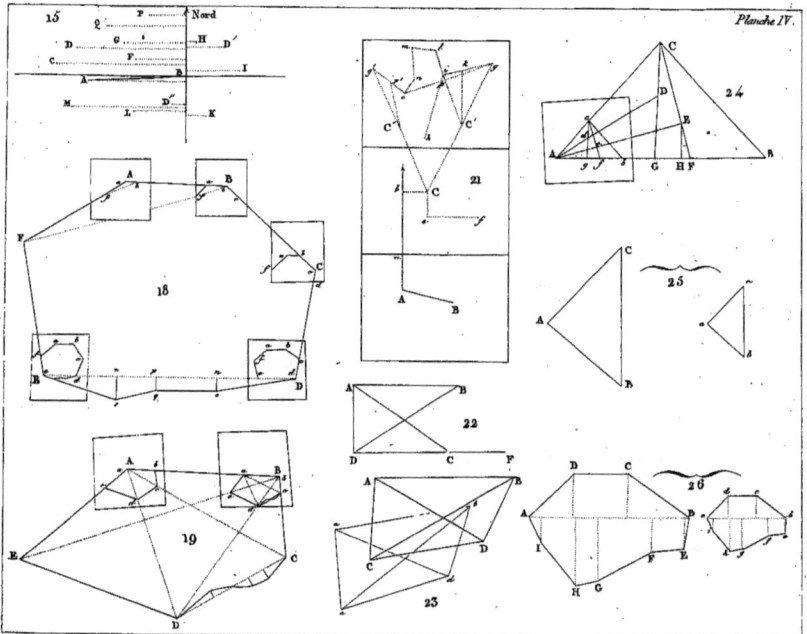

15

18

19

21

22

23

24

25

26

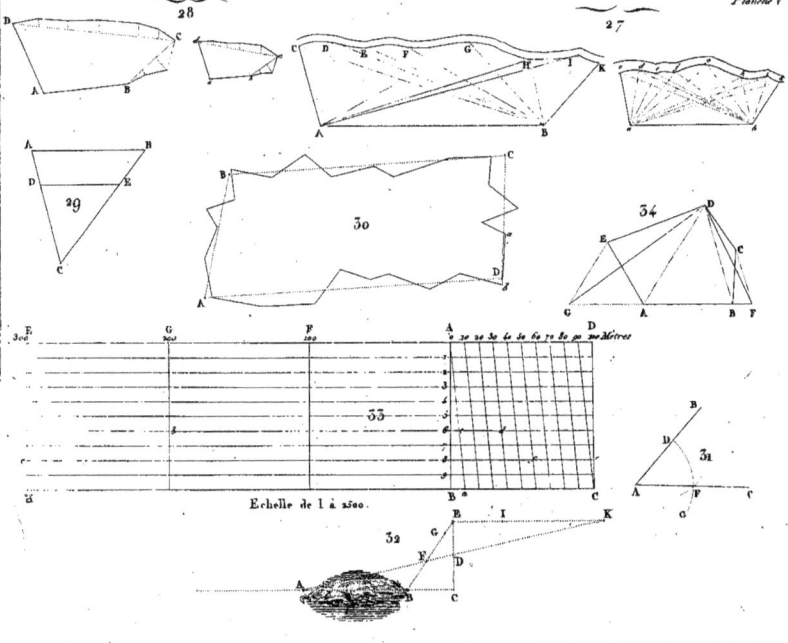

Echelle de 1 à 2500.

www.ingramcontent.com/pod-product-compliance
Lightning Source LLC
Chambersburg PA
CBHW060425200326
41518CB00009B/1493